BUR

Biblioteca Universale Rizzoli

G. Caprara - L. Belloni

LA SCIENZA DIVERTENTE

BUR

SCIENZA

ISBN 88-17-12938-0

Prima edizione Superbur Scienza: giugno 2002
Terza edizione BUR Scienza: novembre 2004

INTRODUZIONE

La scienza può essere vista anche come una serie di storie, ognuna capace di raccontare una curiosità, un grande principio, una legge, rivelando alla fine il perché delle cose. E ogni perché ha inesorabilmente una risposta che può essere semplice, interessante, chiarificatrice e magari intrigante perché legata ai personaggi che ne sono protagonisti.

Il libro raccoglie alcune storie di scienza e di uomini, spiega come si è arrivati a decifrare grandi misteri della natura e piccole curiosità. Senza formule complicate e spiegazioni difficili anche le leggi più astruse possono diventare avvincenti e attrarre come un romanzo.

Le storie contenute nel libro comprendono dalla fisica alla biologia, dalla chimica all'astronomia. Tutte possono essere lette per soddisfare la curiosità di un momento o per il desiderio di trovare spiegazioni ai fenomeni che ci circondano.

Non abbiamo alcuna pretesa di completezza. L'intento è solo quello di raccontare vicende e risultati scientifici per avvicinare un po' di più alla realtà di oggi nella quale la scienza non può essere vista come un'estranea ma semmai come la nostra cultura.

G.C. e L.B.

I PESCI, LA VISCOSITÀ DELL'ACQUA E LE PALLE DA TENNIS PELOSE

Come si muovono gli animali nell'acqua? Che difficoltà incontrano?

Per un natante di grandi dimensioni, come una balena che arriva fino a 30 metri di lunghezza, l'acqua appare come un fluido poco viscoso. Invece per un batterio o per un protozoo (della lunghezza di 10 micrometri), l'acqua appare come un fluido relativamente molto viscoso. Muovendosi in acqua, questi organismi microscopici non riescono a provocarvi delle turbolenze e un protozoo in acqua si comporta come un uomo che si trovasse a nuotare in un lago di sciroppo o di miele. In altri termini, attorno a un protozoo che nuota non si formano vortici e nemmeno una scia a poppa. Il flusso del fluido attorno al suo corpo risulta laminare, come dicono gli esperti.

La dinamica dei fluidi è un capitolo molto complesso, fra i più complicati che esistano. I punti principali si possono riassumere sottolineando che in un fluido si possono avere un tipo di movimento detto laminare e un altro detto turbolento. Nel regime laminare, gli strati di fluido aderenti all'oggetto che si muove, rimangono appunto ben aderenti. Ne risulta una forza di attrito viscoso particolarmente efficace.

Regime turbolento

Nel regime cosiddetto turbolento, invece, il movimento è accompagnato dalla formazione di piccoli vortici, che riducono lo spessore dello strato fluido aderente all'oggetto. Rispetto al caso laminare, diminuisce dunque la forza dell'attrito viscoso e la capacità di frenamento del fluido nei confronti del corpo che in esso si muove. Questo fra l'altro spiega perché le palle da tennis non sono lisce ma pelose.

Se il regime dinamico però diventa troppo turbolento, allora si creano dei problemi in quanto dei vortici troppo forti provocano una completa separazione dello strato fluido aderente al corpo. In ultima analisi in una situazione di turbolenza marcata, aumentano gli attriti, cioè le difficoltà per un corpo che si muova in un fluido. Per evitare una turbolenza eccessiva, pesci, uccelli e automobili sono dotati di una linea filante.

Ma torniamo ai pesci e agli effetti della viscosità dell'acqua sul loro movimento. Per un protozoo di 10 micrometri (cioè di 10 milionesimi di metro), che si muove alla velocità di 10 micrometri al secondo, gli effetti della viscosità dell'acqua sono 100 milioni di volte maggiori che per un pesce lungo 10 centimetri, che si muova alla velocità di 10 centimetri al secondo.

Consideriamo invece un grande natante, come una nave oppure una balena di 30 metri che si muove alla velocità di 2 metri al secondo. Un animale così gigantesco deve cessare la sua attività propulsiva, cioè deve smettere di spingere e di nuotare, almeno alcune centinaia di metri prima del punto di arresto. A differenza dei protozoi, una balena praticamente non risente dell'attrito viscoso dell'acqua, che nel regime cosiddetto turbolento è poco efficace. Quindi deve calcolare bene le distanze e smettere di spingere in anticipo se non vuole finire «spiaggiata», come a volte succede. In genere però le balene che si trovano intrappolate su di un fondale poco profondo o addirittura su di una spiaggia, pare che vengano sorprese dalla marea.

Batteri e flagelli

Un animale più piccolo invece si arresta quasi immediatamente in acqua, come succede ai ciliati o ai flagellati. È stato calcolato che un batterio, quando cessa di muovere il flagello, si ferma dopo aver percorso per inerzia uno spazio infinitesimo, inferiore addirittura al diametro di un atomo di idrogeno. In altri termini, l'attrito viscoso dell'acqua è in grado di immobilizzarlo e di bloccarlo in modo improvviso e immediato, mentre sulla balena gli effetti sono diversi: l'inerzia dell'animale è enorme e prevale sull'azione di frenamento esercitata dalla viscosità dell'acqua.

I copepodi sono piccoli animali della lunghezza di un millimetro, che si muovono alla velocità di un millimetro al secondo. Sono dotati di piccoli ventagli di setole e un tempo si pensava che quei ventagli servissero a filtrare l'acqua per catturarvi i microrganismi del plancton, che costituiscono il loro alimento.

Esaminati dal punto di vista della dinamica dei fluidi, si è visto che quelle setole non possono funzionare come filtri microscopici, in quanto generano poca turbolenza attorno a loro e non provocano lo scorrimento di micro-strati fluidi. Oggi si pensa invece che i ciuffi di setole, dei quali sono forniti i copepodi, funzionino semplicemente come palette per la presa diretta dell'alimento.

Un'altra curiosità all'apparenza paradossale è rappresentata dalla corrente filtrante nelle spugne. Infatti l'acqua vi penetra a bassa velocità aspirata dai pori che sono distribuiti su tutta la superficie corporea. I flagelli delle spugne, lunghi 25 micrometri, spingono l'acqua alla velocità di circa 50 micrometri al secondo. Alla fine l'acqua viene espulsa dalla spugna da una apertura posta in alto, detta osculo, larga un centimetro quadrato.

Spugne veloci

La diversa velocità di entrata (attraverso i numerosissimi pori) e la velocità di uscita (attraverso l'unico osculo) è un paradosso solo apparente, in quanto si spiega con la cosiddetta continuità del flusso. Basta tenere conto delle parti di superficie che l'acqua attraversa in entrata a velocità bassa, per ricavare l'alta velocità con cui esce fuori dall'osculo. Per l'animale è necessaria questa operazione di espulsione dell'acqua ingerita con un unico fiotto veloce e concentrato. Bisogna infatti che l'acqua espirata dall'osculo, cioè dal foro di uscita, venga allontanata il più possibile dalla spugna, in modo da evitare che venga filtrata (e «respirata») una seconda volta.

PERCHÉ IL FUOCO NON SI SPEGNE E PERCHÉ BRONTOLA L'ACQUA CHE BOLLE

Una sorprendente conseguenza del principio di Archimede (c. 287-212 a.C.) è stata messa in evidenza dal divulgatore russo Jakov Isidorovič Perelman (1882-1942). Questa volta non abbiamo a che fare con i liquidi ma con il fuoco. Se si considera da vicino il processo della combustione, si finisce prima o poi per porsi una domanda all'apparenza banale: perché una fiamma non si spegne da sola? I prodotti della combustione sono infatti anidride carbonica e vapore acqueo. Entrambe sono sostanze non combustibili. Non sono cioè capaci di sostenere il processo della combustione. Una volta che è stata accesa una fiamma, poco dopo dovrebbe essere circondata da questi materiali non combustibili, i quali con la loro presenza impediscono l'afflusso dell'aria. Ora, la combustione non può procedere senza aria, e la fiamma dovrebbe spegnersi da sola dopo poco tempo.

Gas più leggeri

Il processo della combustione continua finché è disponibile del combustibile, non prima, come si può scoprire spegnendo una candela.

La ragione di questo fatto è che i gas, riscaldandosi, si espandono e così facendo diventano più leggeri. I prodotti della combustione, cioè, diventati leggeri e poco densi, non restano più là dove si sono formati, vale a dire nelle immediate vicinanze della fiamma. Vengono invece spinti verso l'alto dall'aria fresca, che subentra a occupare il loro volume.

In definitiva, un fuoco riesce a mantenersi fino all'esaurimento del combustibile a disposizione proprio perché il principio di Archimede si applica anche ai gas. Anche questi sono sottomessi alla cosiddetta spinta di Archimede, oltre che naturalmente all'azione della gravità.

Nei tempi in cui venivano ancora usate le candele, queste venivano spente soffiandoci sopra, dall'alto, cioè respingendo i prodotti della combustione indietro là da dove erano venuti, cioè attorno alla fiamma. Circondata dai prodotti di combustione, che non sono combustibili, la fiamma della candela si spegne.

Estrazione di energia

A questo punto ci si potrebbe anche chiedere come mai l'acqua estingua il fuoco, cosa nota da tempo immemorabile.

Innanzitutto bisogna tenere presente che quando l'acqua viene a contatto con un corpo caldo che sta bruciando, gli sottrae una grande quantità di calore per trasformarsi in vapore. L'operazione richiede infatti una grande estrazione di energia da un oggetto che brucia. Infatti per trasformare dell'acqua bollente in vapore è necessaria una quantità di calore ben superiore a quella necessaria per portare la stessa quantità di acqua fredda ai 100°C.

Il fatto importante però è che il vapore che si forma va a occupare uno spazio che è 100 volte superiore a quello dell'acqua di partenza. Così espanso, il vapore avviluppa l'oggetto che sta bruciando, e così facendo gli sottrae l'aria il cui afflusso è indispensabile perché continui a bruciare.

Acqua bollente

L'acqua, quando sta per bollire in una pentola o in una teiera, incomincia a rumoreggiare, avvertendoci così di buttare la pasta. Succede che l'acqua, che è adiacente alle pareti del recipiente che la contiene, si trasforma in vapore, e quindi si formano delle bollicine. Essendo leggere, le bollicine sono spinte verso l'alto dall'acqua circostante. Mentre salgono, le bolle di vapore attraversano dell'acqua che ha una temperatura inferiore ai 100°C. Allora il vapore che sta nelle bollicine si raffredda, ovvero si contrae, e le bollicine collassano per la pressione esterna dell'acqua.

Giusto prima che incominci a bollire, sempre più bollicine si mettono in moto verso l'alto, ma non riescono a raggiungere la superficie. Collassano lungo la strada e viene generato il suono tipico che accompagna l'acqua che bolle. Tutti i piccoli crack delle bollicine che collassano, producono appunto il suono che ci avverte che l'acqua sta bollendo.

Quando l'acqua viene infine riscaldata fino alla temperatura di ebollizione, le bollicine non collassano più durante la loro salita e la pentola o la teiera cessano di fare rumore.

Se lasciamo però raffreddare l'acqua, si riproducono le condizioni di prima, e ricomincia il brontolio nella pentola.

LE PROPRIETÀ DELL'ACQUA LA SUA NATURA, LA VITA E IL FORNO A MICROONDE

Viviamo su un pianeta d'acqua: il 71% della superficie della Terra è coperta da mari e oceani. Ma anche noi siamo composti soprattutto dal prezioso liquido. L'acqua, insomma, è abbondantissima e le sue proprietà termiche sono tali da favorire il mantenersi della vita dopo aver aiutato la sua nascita.

Alla normale temperatura ambientale l'acqua si trova allo stato liquido e conduce con facilità il calore, con una velocità superiore di 20 volte rispetto all'aria. L'acqua funziona da stabilizzatore termico. Per variare la temperatura dell'acqua è necessario fornirle (oppure sottrarle) una grande quantità di calore.

Queste due proprietà, e cioè la facilità nel trasmettere calore e la difficoltà nel provocare variazioni di temperatura, rendono possibile la vita nei mari, in quanto le temperature degli organismi e degli ambienti acquatici hanno la tendenza a essere costanti e omogenee. L'acqua oppone, per così dire, difficoltà particolari a variare il suo stato di aggregazione, cioè a passare dallo stato liquido a quello solido (per diventare ghiaccio), come pure nel passare allo stato di gas (cioè di vapore acqueo). Infatti per innalzare di 1°C la temperatura dell'unità di massa di acqua, è necessario somministrare una certa quantità di calore, detta caloria. Per far evaporare una certa massa di acqua, bisogna fornire calore in quantità 500 volte superiore a quella necessaria per innalzare di 1°C la temperatura della stessa quantità di liquido.

Analogamente, per portare l'acqua allo stato solido, bisogna sottrarle una quantità di calore 80 volte superiore a quella necessaria per abbassare di 1 °C la temperatura della stessa quantità di liquido. Sembra dunque che l'acqua opponga una resistenza ai cambiamenti (battezzati di fase o di stato), rendendoli difficili e costosi da un punto di vista energetico.

L'acqua, però, ha un'altra proprietà termica dirompente, che si manifesta quando saltano le tubature a causa del formarsi del ghiaccio al loro interno. Con l'abbassarsi della temperatura tutte le sostanze in genere si contraggono, assumendo una condizione solida e aumentando la loro densità.

Ghiaccio dirompente

L'acqua, invece, si dilata e diventa meno densa quando la temperatura scende al di sotto dei 4°C. E proprio a 4°C la sua densità è infatti massima. Se continuiamo ad abbassare la temperatura, la densità diminuisce e l'acqua si dilata e alla fine si forma il ghiaccio. È per questo che le tubature scoppiano quando al loro interno l'acqua gela.

Ma il ghiaccio ha una preziosa e curiosa proprietà: essendo meno denso dell'acqua galleggia e ciò rende possibili i volteggi delle pattinatrici sui laghetti ghiacciati.

Nelle regioni del grande freddo, dove ghiacciano anche i fiumi, oltre al pattinaggio è anche possibile il trasporto delle merci. Da tempo immemorabile gli enormi fiumi della Siberia vengono utilizzati come autostrade a sei od otto corsie dai trasportatori russi.

Il fatto che il ghiaccio galleggi impedisce che si congeli il fondo dei mari e degli oceani e così animali e piante acquatici possono sopravvivere durante la stagione fredda.

Vi è una curiosa storia raccontata nelle sue memorie da Anatolij Aleksandrov (1903-1994), che fu Presidente dell'Accademia delle Scienze dell'URSS. Aleksandrov ricordava un episodio risalente all'epoca della sua gioventù, quando discuteva dei vari modi di produzione dell'energia insieme al suo mentore Abram Ioffe (1880-1960), il padre fondatore della fisica sovietica. Insieme pensavano alle immense distese ghiacciate dell'Artico e alla differenza di temperatura che sussiste fra la parte superiore della superficie ghiacciata e l'acqua sottostante. Una differenza di temperatura è quello che ci vuole per poter pensare a una macchina termica. Il sogno era quello di trovare il modo per sfruttarle, inventare qualche dispositivo o un processo ciclico che, facendo leva appunto su quella differenza, fosse in grado di trasformare calore in energia meccanica. Di colpo sarebbe diventata disponibile una sorgente di energia dalle potenzialità gigantesche, la più adatta alle dimensioni e ai climi dell'immenso paese dei Soviet. Ma tutto rimase un sogno.

Finestra di trasparenza

Un'altra dote singolare dell'acqua è la cosiddetta «finestra di trasparenza» che ha consentito e consente alla luce solare visibile di attraversare l'atmosfera e raggiungere la superficie terrestre. Senza di essa l'evoluzione della vita sulla faccia della Terra sarebbe stata ben diversa da quella che conosciamo.

La spiegazione della «finestra di trasparenza» di «sorella acqua» coinvolge nientemeno che la fisica quantistica. Il fatto è che la molecola d'acqua è formata da 2 atomi di idrogeno, collegati da un atomo di ossigeno, come dice la celebre formula chimica H_2O. Gli atomi costitutivi di questa molecola oscillano attorno alle loro posizioni medie, mentre la molecola nel suo complesso ruota intorno a un asse.

Ciò crea un insieme di movimenti complessi, legati a diverse frequenze di oscillazione e di rotazione: in altre parole si delinea un complicato insieme di livelli energetici, come dicono gli scienziati. Madre Natura ha sistemato le cose in modo tale che questo complesso sia in grado di assorbire i fotoni, cioè la radiazione elettromagnetica, appartenenti a un ampio spettro di frequenze. Fanno eccezione però i fotoni della luce visibile, che non entrano in risonanza per così dire con le molteplici frequenze tipiche della molecola d'acqua. Di conseguenza tali fotoni, cioè quelli della radiazione visibile, non vengono assorbiti.

Ci vogliono infatti decine di metri d'acqua pulita per mascherare la quasi totalità dei raggi luminosi corrispondenti alla lunghezza d'onda del visibile. Naturalmente, nel caso dell'acqua di mare, lo spessore è minore perché non si tratta di acqua pura, ma in essa sono disciolti vari sali. Per tutte le altre radiazioni, dalle microonde ai raggi X, basta meno di un centimetro di acqua per bloccarle.

Fotoni vitali

Il vapore acqueo, diffuso nell'atmosfera, assorbe ancora meno la luce, dato che le molecole sono più diradate di quanto non siano allo stato liquido. Le radiazioni visibili costituiscono solo una piccola parte dello spettro delle radiazioni provenienti dal Sole e raggiungono la superficie terrestre proprio grazie all'esistenza di questa finestra di trasparenza, che esiste in virtù delle proprietà quantistiche dell'acqua stessa. I processi vitali che si svolgono sulla superficie del nostro pianeta sono quindi basati sull'utilizzo dei fotoni della luce visibile.

Scendendo su un piano più domestico, i forni a microonde tengono pure conto dell'assorbimento di questo tipo di radiazione da parte delle molecole di acqua e di grasso dei cibi: così, infatti, acqua e grassi si riscaldano. Il vetro (o la plastica) di cui è rivestito il contenitore dei cibi rimane invece relativamente freddo.

Aumentano invece molto la loro temperatura le pareti metalliche del forno per cui è meglio non dimenticare un cucchiaio al suo interno.

Premi ignobili

Le proprietà di «sorella acqua» non hanno mai cessato di attirare l'attenzione di chimici e fisici. Lo studio delle sue strane proprietà a volte si rivela però un terreno particolarmente scivoloso. Il francese Jacques Benveniste ha ottenuto infatti un primo IgNobel (il premio «ignobile» assegnato ogni anno ad Harvard, negli Stati Uniti, al fine di segnalare le ricerche più pazze e inutili) per le sue ricerche sulla «memoria» dell'acqua nel 1991 secondo le quali il liquido ricorderebbe gli stati passati. In seguito Benveniste ha esteso ulteriormente i suoi studi sull'argomento, fino a sostenere che l'attività biologica di una soluzione può essere registrata per via digitale, immagazzinata nell'hard-drive di un computer e trasmessa via Internet a un differente campione di acqua, fino alla distanza di 10.000 chilometri. E così si è meritato un secondo premio IgNobel nel 1998.

COME GLI ANIMALI PERCEPISCONO L'AMBIENTE

La luce si propaga in linea retta il che consente di localizzare gli oggetti con estrema precisione, come pure di distinguere due oggetti vicini, ovvero di «risolvere» i minimi particolari.

La vista è il senso principale che viene usato dall'uomo, anche se è notoriamente modesta rispetto a quella delle aquile e dei falconi. Molti fra gli insetti sono in grado di percepire anche radiazioni ultra-violette, che risultano invisibili all'occhio umano. Quegli insetti scorgono così molti più particolari negli aspetti dei fiori con i quali hanno a che fare.

Inoltre gli insetti sono in grado di percepire con la vista anche il movimento rapido di ali che compiono 300 battiti al secondo. Al contrario, l'uomo non distingue a uno a uno i fotogrammi di un film quando vengono fatti scorrere e proiettati al ritmo di 30 al secondo.

Sensori all'infrarosso

Alcuni animali che preferiscono agire durante la notte hanno sviluppato veri e propri sensori all'infrarosso. I serpenti a sonagli hanno degli organi a fossetta, situati davanti agli occhi su ciascun lato del capo. Le fossette sono sensibili alla radiazione termica o infrarossa, che viene emessa dagli organismi a sangue caldo, i quali risultano così visibili anche di notte.

I serpenti dotati delle micidiali fossette sono capaci

di localizzare un piccolo topo alla distanza di qualche metro in meno di un secondo, subito dopo cioè che la radiazione emessa dal corpo caldo del topolino ha riscaldato i tessuti delle fossette.

Per quanto riguarda i suoni, è relativamente facile rilevare le onde di pressione che si propagano nell'aria. Più difficile risulta localizzare la loro sorgente. Infatti l'energia delle onde che si diffondono da un punto preciso, si distribuisce su superfici sempre più ampie mentre si allontana. L'intensità risulta allora diminuire con il quadrato della distanza. Anche questo fattore ostacola la percezione dei suoni. Molti predatori notturni però riescono a individuare la provenienza anche di minimi rumori, basandosi sulla differenza dei tempi di arrivo dei suoni agli organi dell'udito disposti ai due lati della testa.

I pipistrelli sono dotati, come è noto, di un sistema sonar biologico.

Oltre che tramite la luce e i suoni, messaggi dal mondo esterno ci provengono anche tramite gli organi olfattivi. In questo caso non abbiamo più a che fare con onde di pressione, come nel caso del suono, oppure con onde elettromagnetiche, come nel caso della luce. Grazie all'olfatto si riescono a rivelare molecole che diffondono attraverso l'aria. Più velocemente e più facilmente gli odori vengono trasportati dalle correnti d'aria, il che rende difficile individuare la loro origine.

Si riescono a localizzare delle sorgenti di molecole volatili andando anche contro corrente, per così dire. Così funzionano le cose quando gli insetti secernono attrattivi sessuali volatili allo scopo di comunicare con un partner o di cercarlo.

Comunicazione chimica

Basandosi su di un meccanismo analogo di comunicazione chimica, molte piante emettono dei profumi che hanno lo scopo di attirare gli impollinatori.

I serpenti sensibili a sostanze volatili fanno schioccare la lingua e così trasferiscono sostanze che aderiscono alla lingua stessa a sensibili organi dell'olfatto situati sul palato. In virtù della lingua biforcuta, riescono anche a capire da che parte provengono gli odori per poi prendere la direzione giusta e seguire la preda che li ha emessi.

COME SI ATTENUA LA LUCE E SI AFFIEVOLISCE IL SUONO

Una sorgente luminosa che illumini a una certa distanza, illumina sicuramente meno a una distanza doppia. Per ottenere la stessa illuminazione a distanza doppia, non basta raddoppiare la sorgente luminosa. Ovvero, nel caso di un black out nella distribuzione dell'energia elettrica, non basta avere due candele al posto di una, per ottenere la stessa illuminazione a distanza doppia. Bisogna averne 2 volte 2, cioè 4. E se ci spostiamo a distanza tripla, per avere la stessa illuminazione dovremmo disporre non di 3 candele ma di 9, cioè di 3 per 3.

A distanza doppia quindi l'illuminazione è 4 volte più debole. A distanza tripla diventa 9 volte più debole, e così via. A distanza quadrupla, l'illuminazione diventa 16 volte più debole, a distanza quintupla, 25. Questa è la legge che dà la progressione della diminuzione dell'illuminazione con la distanza.

Così venne formulata in termini quantitativi solo alla metà del Settecento, ma era già stata accennata da Keplero (Johannes Kepler, 1571-1630), quando ancora cercava di darsi una spiegazione della struttura dell'Universo e del sistema solare in termini copernicani. «Il Sole era ormai diventato, nella nuova visione, il centro architettonico del mondo» come ha scritto lo storico della scienza Paolo Rossi. In qualche modo, doveva anche diventarne il centro dinamico. Era quindi il Sole la sorgente della forza che spinge i pianeti lungo le loro orbite, e naturalmente era in grado di spingere con forza maggiore proprio i pianeti più vicini.

Con l'aumentare della distanza la «forza» del Sole veniva infatti a distribuirsi su superfici sferiche sempre più ampie, perdendo così in intensità. Il modo era pensato del tutto analogo a quello in cui la luce, ovvero l'energia, che emana da una candela o da una sorgente luminosa, si disperde e si indebolisce in funzione della distanza, e più precisamente dell'inverso del quadrato della distanza. Con l'aumentare della distanza dalla sorgente infatti, l'area della superficie sferica che raccoglie la luce emessa cresce infatti come il quadrato del raggio ovvero della distanza medesima. E quindi l'energia emessa si disperde e si attenua con lo stesso ritmo.

In presenza di una sorgente di «forza» di questo genere, e di una sua distribuzione spaziale con perfetta simmetria sferica, era logico aspettarsi che anche i pianeti si muovessero su orbite circolari. Ma fu proprio Keplero a rompere questo miraggio, introducendo le orbite ellittiche dei pianeti. La giustificazione teorica di questo suo radicale cambio di «paradigma» venne data solo da Isaac Newton (1642-1727), il quale pure trattò il campo gravitazionale generato dal Sole come un campo di forze «centrale», in cui l'intensità della forza varia come l'inverso del quadrato della distanza. Nel suo studio generale dell'orbita di un oggetto celeste in moto nel campo gravitazionale generato dal Sole, Newton introdusse anche la considerazione delle cosiddette «condizioni iniziali», come la posizione e la velocità del corpo stesso a un istante determinato.

Le «condizioni iniziali» a loro volta portavano una rottura della perfetta simmetria sferica associata al campo gravitazionale del Sole, e questo rendeva conto della forma strana, non più circolare, delle orbite dei pianeti. Uscivano, quindi, curve ellittiche o paraboliche o iperboliche per i corpi celesti soggetti all'attrazione gravitazionale.

La regola vale anche per il suono

Per tornare a terra, la stessa legge di attenuazione con la distanza, che vale per la luce, vale anche per il suono. Se ci poniamo a una certa distanza da una sorgente sonora, lo avvertiamo con una certa intensità. Se ci poniamo a 6 volte la stessa distanza, il suono viene attenuato non di 6, ma bensì di 36 volte. Questo spiega perché il semplice bisbiglio di un vicino disturba così tanto a teatro, e ci impedisce di distinguere bene la voce pur chiara dell'attore che sta in scena. Supponiamo infatti che l'attore si trovi solo 10 volte più lontano del vicino di poltrona che bisbiglia durante la recita. La voce dell'attore risulta attenuata 100 volte più che se non provenisse dalla distanza alla quale si trova il vicino chiacchierone. Per questa ragione la voce dell'attore risulta più debole del bisbiglio del vicino.

Lo stesso discorso si applica alle aule più o meno affollate delle scuole. La voce dell'insegnante, specie nei banchi posteriori, giunge notevolmente attenuata ed è facilmente coperta da bisbigli dei partecipanti.

LE PARTICELLE SCAPPANO E NASCONO LE AURORE BOREALI

Le hanno battezzate aurore boreali e sono quei bagliori di diversi colori che si osservano nelle regioni vicine ai circoli polari, artico e antartico. Sono stati osservati fin dal Medioevo, per non dire dall'antichità. In passato, fra gli osservatori più attenti del fenomeno ci fu lo scienziato russo Michail V. Lomonosov (1711- 1765), il quale non a caso era figlio di un pescatore dei mari del nord della Russia, nei pressi di Arkhangelsk. In linea con le idee del suo secolo, detto anche il secolo dell'elettricità, Lomonosov cercò di spiegarsi le aurore boreali ritenendoli fenomeni di natura essenzialmente elettrica. L'Università di Mosca, con il suo imponente edificio in stile staliniano eretto sulle colline di Lenin, porta il nome di questo corifeo della scienza e della nazione russa.

Le aurore polari (o boreali) si manifestano al sud come al nord del pianeta con caratteristiche svariate. Possono apparire come strisce uniformi verdi-gialle, oppure anche come archi con un limite inferiore ben definito e un limite superiore piuttosto vago. L'altezza del limite inferiore di solito si aggira attorno ai 100 chilometri, mentre quello superiore è attorno ai 1000.

Possono anche assumere l'aspetto di strisce perpendicolari alla superficie terrestre, con luci originali e strane, o apparire come bagliori fiammeggianti, come onde luminose che si muovono all'insù.

Il loro colore prevalente è il verde con una miscela di giallo. Anche il rosso compare in misura significativa, mentre in grado minore si vedono l'azzurro e il violetto. Di solito vengono osservate di notte, ma il fenomeno si verifica anche di giorno, solo che nelle ore diurne è estremamente difficile notarle sullo sfondo del cielo, che è normalmente azzurro, perché sono relativamente poco luminose.

Lomonosov e i fenomeni elettrici

Lomonosov nel Settecento attribuì la loro origine a dei fenomeni elettrici, quale che fosse l'idea dei fenomeni elettrici che si era formata allora quell'eroe eponimo della scienza russa. In realtà un ruolo importante nel verificarsi delle aurore boreali è svolto dai fenomeni magnetici e questo è stato spiegato in termini semplici da un compatriota di Lomonosov, il fisico russo Isaak K. Kikoin (1908-1984), che fu uomo di fiducia di Igor' V. Kurčatov (1903-1960), cioè del responsabile dei programmi nucleari dell'URSS. Kikoin si distinse anche come scienziato impegnato nell'insegnamento e insieme al Premio Nobel per la fisica Pëtr L. Kapitza (1894-1984) e al sommo matematico A.N. Kolmogorov (1903-1987) fu fra i fondatori della rivista scientifico-pedagogica «Kvant» negli anni Settanta.

In sintesi, la sfera terrestre si può considerare alla stregua di un gigantesco magnete naturale. Incidentalmente, a questa idea era già arrivato nel Seicento il medico inglese William Gilbert (1544-1603), un personaggio che riscosse l'incondizionata ammirazione di Galileo (1564-1642), che lo chiamava Gilberto. In effetti il campo magnetico che circonda la Terra è simile a quello generato da una sbarretta magnetizzata, oppure da un solenoide nel quale scorra una corrente costante. Si tratta, naturalmente, di astrazioni in quanto la sbarretta e il solenoide vengono pensati come esistenti nel centro della Terra. Si può comunque immaginare che esistano delle correnti elettriche le quali, scorrendo all'interno del nostro pianeta, siano le responsabili ovvero i colpevoli dell'esistenza del campo magnetico terrestre. In effetti correnti di questo genere sono presenti nella parte liquida del nucleo terrestre.

I poli nord e sud magnetici non coincidono con i poli geografici ma si trovano comunque nelle loro vicinanze, distanziati di circa 11 °C.

L'intensità del campo magnetico terrestre è abbastanza bassa, ma pare che gli uccelli migratori siano in grado di avvertirla e di servirsene come bussola direttrice nelle loro spettacolari migrazioni.

Il campo magnetico terrestre si estende nello spazio fino alla distanza di tre raggi terrestri ed è in ogni caso un protagonista di primo piano nello spettacolo delle aurore boreali.

L'altro primattore della scena è il Sole. Oltre a inondarci di luce e di radiazione elettromagnetica non visibile, l'astro ci invia costantemente un flusso di plasma, formato da protoni ed elettroni in veloce movimento. Si tratta del cosiddetto «vento solare», che soffia costantemente sulla Terra provenendo in particolare dalla cosiddetta «corona» del Sole.

La trappola della bottiglia

Il campo magnetico terrestre non è uniforme, cioè uguale e costante in tutte le sue regioni. Presso i poli, il valore della cosiddetta induzione magnetica è 2 volte più intenso che all'equatore. Questa caratteristica del campo magnetico terrestre genera una specie di trappola per le particelle elettricamente cariche che formano il vento solare. Una volta caduta in questo campo, o in questa trappola, la particella si muove a spirale lungo le linee di forza del campo, avvolgendosi attorno. Così giunge al punto in corrispondenza del quale le linee di forza si addensano, cioè nella zona di un polo magnetico. Qui la particella carica subisce una riflessione dopo di che si rimette in moto verso l'altro polo, dove di nuovo viene riflessa, continuando a rimbalzare all'interno della gigantesca trappola.

Sembra quasi che le particelle siano come intrappolate dentro una bottiglia che ha due colli e due turaccioli alle estremità. I turaccioli o i punti terminali corrispondono alle zone di condensazione delle linee del campo magnetico presso i poli.

Come risultato del vento solare e della trappola preparata dal campo magnetico terrestre, la Terra è circondata dalle cosiddette «fasce di radiazione», che la avvolgono da ogni lato. Vi sono due fasce di radiazione, una interna e una esterna. Il limite inferiore della fascia interna si trova a una altezza di circa 500 chilometri, e ha uno spessore di alcune migliaia di chilometri. La fascia esterna staziona a una quota di 10-15.000 chilometri.

Le fasce di radiazione hanno una connessione diretta con le aurore boreali. Infatti queste fasce sono dense di cosiddetto «plasma», cioè di una miscela di particelle cariche negativamente e positivamente. In virtù di alcune particolari proprietà di questo stato della materia, cioè dello stato di plasma, si svolgono dei processi per i quali i «turaccioli» della bottiglia magnetica non risultano chiusi bene. A seguito di questa imperfetta tenuta un certo numero di particelle riesce a sfuggire dalla trappola della bottiglia magnetica.

Fotografate dagli astronauti

Le particelle veloci che emergono o esplodono fuori dalla trappola, vanno a urtare gli atomi o le molecole dell'aria (composta di azoto e di ossigeno). Con la loro grande energia di movimento, tali particelle cariche sono in grado di eccitare le molecole dell'aria, cioè di farle passare in uno stato con maggiore energia di quello in cui normalmente si trovano. Dopo essere state così «eccitate», le molecole (o gli atomi) ritornano allo stato fondamentale, o normale, di partenza, liberandosi dell'energia in eccesso acquistata dagli urti con le particelle di plasma.

Si liberano dell'energia in eccesso irraggiando la corrispondente porzione (o quanto) di luce. E ciò dà appunto luogo alle aurore boreali.

L'analisi della composizione (o dello spettro come dicono gli scienziati) di questa luce ha dimostrato che il colore verde (e in parte il rosso), si presenta in seguito alla eccitazione degli atomi di ossigeno. Mentre le radiazioni di colore rosso, rosso scuro, azzurro chiaro e violetto sono connesse alla eccitazione delle molecole di azoto.

A tal proposito, si è parlato di atomi di ossigeno e non di molecole. In effetti, negli alti strati dell'atmosfera, sotto l'azione dei raggi ultra-violetti del Sole, le molecole di ossigeno si spezzano nei loro atomi costituenti.

Le aurore boreali sono un fenomeno che tuttora viene studiato sia da terra, sia dal cosmo, con la strumentazione di bordo dei satelliti artificiali o dagli astronauti sulle navette che si divertono a fotografarle.

TORRICELLI, IL BAROMETRO E LE MITICHE FANCIULLE NEREIDI

L'invenzione del barometro da parte di Evangelista Torricelli (1608-1647) fu la conseguenza della scoperta che anche l'aria ha un peso. Il discepolo di Galileo scrisse in una lettera dell'11 giugno 1644 indirizzata a un collega illustre: «Le accennai già, che si stava facendo non so che esperienza filosofica intorno al vacuo [cioè al vuoto N.d.R.], non per far semplicemente il vacuo, ma per far uno strumento, che mostrasse le mutazioni dell'aria, ora più grave e grossa ed ora più leggera e sottile... Noi viviamo sommersi nel fondo di un pelago d'aria elementare, la quale per esperienze indubitate, si sa che pesa, e tanto che questa grossissima [densissima, N.d.R.] vicino alla superficie terrena, pesa circa la quattrocentesima parte del peso dell'acqua... Noi abbiamo fatto molti vasi di vetro... grossi e di collo lungo..., questi pieni d'argento vivo poi serratagli con un dito la bocca e rivoltati in un vaso dove era l'argento vivo si vedevano votarsi, e non succedere niente al vaso che si votava; il collo però restava sempre pieno alla stessa altezza».

Rovesciando le canne di vetro ripiene di mercurio in una vaschetta contenente lo stesso metallo liquido, la colonnina si fermava nella varie canne sempre alla stessa altezza, di circa 760 millimetri. Nella canna di vetro, sopra la colonnina di mercurio, si era formato il vuoto chiamato «barometrico» e la colonna di mercurio all'interno era sostenuta da una forza esterna, cioè dal peso dell'aria.

Un problema a Galileo

Tutto era partito da un problema che era stato posto a Galileo: come mai le pompe aspiranti usate per sollevare l'acqua non riuscivano mai a funzionare oltre la profondità di circa 10 metri? E la domanda usciva dall'industria mineraria.

Lo sviluppo delle artiglierie aveva indotto un maggiore sfruttamento delle miniere tanto da arrivare a scavare gallerie a notevoli profondità. Di solito le gallerie venivano inondate da infiltrazioni di acqua da cui bisognava liberarle. Impiegando le tipiche pompe aspiranti dell'epoca, non si riusciva a sollevare l'acqua più di 10 metri. Per estrarla da una profondità di 20 metri, ad esempio, bisognava impiegare due pompe in serie.

Investito del problema, il sommo Galileo rispose che nel condotto della pompa si formava una colonna d'acqua di solo 10 metri, perché se la sua altezza fosse stata superiore si sarebbe spezzata sotto il suo stesso peso.

Torricelli intuì che il mancato funzionamento delle pompe non era dovuto a un fatto interno, cioè alla resistenza delle colonne d'acqua al loro stesso peso. A causarla invece era un fatto esterno, e cioè il peso dell'aria sovrastante. Fece un rapido calcolo e concluse che una colonna d'acqua di 10 metri esercita la stessa pressione di una colonnina di mercurio di 760 millimetri.

L'esperimento del barometro, eseguito per la prima volta da Vincenzo Viviani (1622-1703), dimostrò che aveva ragione. L'altezza della colonnina di mercurio dava una misura della pressione atmosferica, ed era dovuto al fatto che anche l'aria ha un peso.

La parabola delle Nereidi

Il contesto delle idee in cui maturò l'invenzione del barometro veniva presentato dallo stesso Torricelli in una delle sue Lezioni Accademiche tenute all'Accademia della Crusca, con un discorso fantasioso, ovvero con una parabola sulle Nereidi, mitiche fanciulle che abitavano nella profondità dei mari.

«Le Nereidi» racconta la parabola «stabilirono un giorno di voler comporre una somma di Filosofia. Aprirono la loro Accademia colà nei profondissimi fondi dell'Oceano del Sur. Cominciarono poi a scrivere i dogmi della fisica, conforme facciamo ancor noi abitatori dell'aria nelle scuole nostre. Vedevano queste Ninfe curiose che parte delle materie praticate descendevano nell'acqua abitata da loro, e parte ascendevano. Però subito senza star a pensare ciò che potesse seguire negli altri elementi conclusero, che delle cose, alcune sono gravi, cioè terra, pietre, metalli e simili, poi che nel mare discendono; ma alcune sono leggere, come aria, suveri, cera, olio ed una gran parte dei legnami perché salgono dentro l'acqua.

«Se elle procedessero temerariamente, o no, seguitando la semplice scorta del senso, senza correggerla con l'uso della ragione, io non lo so: so bene che potrebbero difender la causa loro con l'esempio reverito di Filosofi venerabili. Io fabbricando poi chimere fra me stesso mi accorsi che era comportabile l'errore di inconsiderazione fatto da quelle fanciulle marine, le quali pronunziarono per leggere molte cose da noi ritenute per gravi [cioè pesanti, N.d.R.]. Fantasticavo con l'immaginazione e mi dipingevo sopra la testa un altissimo pelago di argento vivo[cioè di mercurio, N.d.R.]. Ecco che io sono nato e allevato nel fondo di questo fluido metallo. Convienmi ora scrivere un trattato sopra la leggerezza e la gravità. Subito fatto un tantino di reflessione, discorro così. Sono tanti anni che io pratico in questo gorgo dove per esperienza continua ho veduto sempre che bisogna tener legato tutte le sorti di roba, fuor che l'oro, acciò elle non sormontino, e se ne fugghino verso l'alto.

«Dunque senza dubbio tutte le cose sono leggere, e hanno inclinazione per natura di andare all'insù, tanto l'acqua quanto la terra, come anco le pietre, i metalli, e in somma ogni altra cosa corporea fuor che l'oro, il quale solo si ritrova descendente nell'argento vivo. Al contrario poi penserei che la filosofia delle Salamandre (supposto che elle abitino nel fuoco) fusse per stabilir ogni cosa per grave, compresavi ancor l'aria...»

Torricelli contro Aristotele

Con questa parabola delle Nereidi Torricelli voleva arrivare a confutare la dottrina aristotelica dei cosiddetti «luoghi naturali», per la quale a ogni elemento (acqua, aria, terra o fuoco) era associata una sfera, come suo luogo proprio al quale tendere (→ Caduta dei gravi).

Secondo Aristotele (384-322 a.C.) l'aria dell'atmosfera, essendo già nel suo luogo naturale, non avrebbe dovuto avere la tendenza ad andare all'insù o all'ingiù, quindi non avrebbe dovuto premere da nessuna parte, e non avrebbe dovuto essere né pesante né leggera.

Secondo la visione di Torricelli, invece, che era ispirata all'idrostatica di Archimede, la disposizione dei cosiddetti elementi era invece dovuta alla diversità di peso specifico. Inoltre la nozione di leggerezza o di gravità (o pesantezza) andava espressa in termini quantitativi, tenendo conto della densità e del peso specifico. L'aria perciò sta sopra l'acqua e la terra, in quanto dotata di peso specifico inferiore, ma non nullo. Anche l'aria ha un peso, ed esercita dunque una pressione. Grazie al barometro, è possibile dunque concludere che la pressione atmosferica è equivalente a quella di una colonna d'acqua di circa 10 metri di altezza, nonché a quella di una colonnna di mercurio alta 760 millimetri.

Interviene Pascal

Sullo stesso argomento e sullo stesso paragone ritornò poco dopo Torricelli, il sommo matematico e filosofo francese Blaise Pascal (1623-1662) che scriveva: «Come la massa d'acqua del mare preme con il proprio peso la parte della terra che ne costituisce il fondo... così anche la massa dell'aria, circondando tutta la superficie terrestre, preme con il proprio peso ogni parte di essa».

E ancora Pascal nel *Trattato sull'equilibrio dei liquidi* scriveva nel 1663: «Come i corpi che si trovano nell'acqua subiscono una pressione su ogni loro parte a causa del peso dell'acqua che sta loro sopra, ...così tutti i corpi immersi nell'aria sono sottoposti, da ogni parte, a una pressione dovuta al peso dell'aria sovrastante. Come gli animali (cioè i pesci) non avvertono il peso dell'acqua quando vi si trovano immersi, così, per la stessa ragione, noi non avvertiamo il peso dell'aria... non possiamo concludere che l'aria non ha peso solo perché non lo sentiamo...».

L'AMBIGUO EQUILIBRIO DELLA BICICLETTA

L'argomento dell'equilibrio della bicicletta ha occupato a lungo agguerriti studiosi e tuttora suscita l'interesse dei curiosi di tutto ciò che riguarda la fisica e la meccanica. Sul «Giornale di Fisica» (numero gennaio-marzo 2001) l'argomento è stato affrontato da Ledo Stefanini e Agnese Berra.

Secondo i due fisici il problema più interessante posto dalla bicicletta è il seguente: perché un ciclista fermo non riesce a mantenere l'equilibrio, mentre invece ci riesce benissimo quando è in moto?

Tutto cominciò nel 1948

La risposta classica al problema della stabilità della bicicletta è stata formulata in modo rigoroso da Stephen Timoshenko (1878-1972) dell'Università di Stanford in un trattato di dinamica avanzata pubblicato nel 1948 (cioè dopo moltissimi Giri d'Italia e Tour de France). In sostanza, il momento agente sul ciclista (che lo fa inclinare e tende a farlo cadere) e dovuto alla forza di gravità, viene compensato da un momento di verso opposto dovuto alla forza centrifuga.

Quando un ciclista avverte che sta per cadere verso sinistra, ad esempio, istintivamente gira il manubrio in modo da curvare nella stessa direzione. Così facendo imbocca per così dire una curva, percorrendo la quale genera una forza centrifuga che riporta il baricentro sulla verticale. Perché ciò avvenga, bisogna che la risposta all'inizio della caduta sia sufficientemente rapida. Inoltre la velocità deve essere abbastanza elevata e l'angolo di sterzata deve essere pure adeguato.

È peraltro esperienza comune, per chi va in bicicletta, non preoccuparsi affatto di sterzare nella direzione della caduta incipiente. Infatti pare che la ruota anteriore provveda da sé a sterzare nel verso giusto. La prova di questo fatto è che si può andare in bicicletta anche senza mani. La spiegazione classica di questo fatto, noto a tutti, è il cosiddetto effetto giroscopico.

Supponiamo infatti di smontare la ruota anteriore della bicicletta. Se la appoggiamo verticalmente sul suolo, è praticamente impossibile mantenerla in equilibrio. Se invece la facciamo rotolare, si vede che rimane in equilibrio più o meno a lungo, e ruota infine nella direzione in cui sta per cadere.

L'effetto giroscopico è legato alla conservazione del cosiddetto momento angolare o momento della quantità di moto. Si applica nella navigazione sul mare e nei sistemi di guida degli aerei e dei missili. Tecnicamente, si ha una ruota che gira velocemente montata su di un complicato sistema di sospensioni, in modo tale che l'asse della ruota rimane puntato sempre nella stessa direzione nello spazio.

Due ruote, un giroscopio

Il grande fisico teorico tedesco Arnold Sommerfeld (1868-1951) fu un profondo conoscitore della tecnica dei giroscopi, grazie anche alle sue consulenze presso la Marina tedesca. Sommerfeld, che evidentemente non meditò soltanto sulla fisica atomica, non era però molto convinto dell'importanza dell'effetto giroscopico nell'equilibrio della bicicletta. A suo parere, «la stabilità di questo sistema a velocità sufficientemente grandi riposa sul fatto che il ciclista, sia girando il manubrio, sia per mezzo di istintivi movimenti del corpo, provoca l'insorgere di opportune forze centrifughe. Che l'effetto giroscopico delle ruote risulti trascurabile rispetto a questi effetti centrifughi, lo si riconosce dalla struttura delle ruote: se infatti si volesse utilizzare l'effetto giroscopico, per rinforzarlo si tenderebbe a munire le ruote di pesanti pneumatici, anziché costruirle più leggere possibili. Ciò nonostante si può mostrare che anche tali deboli azioni giroscopiche portano il loro contributo alla stabilità del veicolo. Questo perché esse reagiscono ad un abbassamento del baricentro più prontamente di quanto facciano le forze centrifughe...».

Meglio correre che stare fermi

Insomma, la bicicletta è uno strumento ambiguo sotto diversi aspetti, come ritengono Berra e Stefanini, i quali spiegano come essa sia stata concepita come strumento per andare veloci, ma la velocità risulta essere condizione del suo funzionamento. Lo sterzo dovrebbe servire a curvare ma in realtà serve soprattutto per mantenere l'equilibrio, cioè ad andare diritti. Una bicicletta ferma è un sistema decisamente instabile: basta inclinarla leggermente e il manubrio ruota all'improvviso. Ma è proprio l'instabilità statica a consentire la grande stabilità di una bicicletta quando è in moto.

Gli enigmi della bicicletta continuano e la sperimentazione si spinge a provare e a riprovare con biciclette decisamente strane, come quelle dotate di una ruota anteriore invertita e altri modelli ancora più eccentrici, che vengono indagati proprio per approfondire i perduranti misteri dell'equilibrio della bicicletta.

BOLLE D'ARIA: LE NAVI, LA BIRRA E LE LUCERTOLE CHE CAMMINANO SULL'ACQUA

La fisica delle bolle d'aria si spiega con la «statica dei fluidi» nota fin dai tempi di Archimede e uno dei primissimi capitoli della scienza formulati nell'antichità. Ciò non toglie che i giochi creati dalle bolle d'aria nell'acqua a tutt'oggi interessino anche i centri di ricerca delle superpotenze. Se ne sono occupati esperti della Marina americana in relazione al problema delle scie delle navi al fine di trovare il modo migliore per cancellarle. Infatti le piccole bolle di aria che si formano dietro i grandi e piccoli scafi diffondono benissimo la luce e sono molto visibili soprattutto ai mezzi di ricognizione aerea e spaziale. Alcuni vascelli militari lasciano dietro si sé scie lunghe fino a un chilometro. Il problema inoltre si pone soprattutto quando si parla delle bolle più piccole, le quali, a differenza di quelle grosse, sono soggette a una minore spinta verso la superficie dell'acqua e sono in grado di resistere più a lungo.

Per cercare di eliminare o almeno di ridurre l'inconveniente, esperti del Naval Undersea Warfare Center di Newport (Rhode Island) hanno eseguito un esperimento generando nell'acqua di un grosso serbatoio onde acustiche da un megahertz, cioè da un milione di hertz. Le onde acustiche interferiscono fra di loro, come quelle che si generano sulla superficie dell'acqua, dando dei massimi e dei minimi di ampiezza ovvero di intensità. In questo caso, formate all'interno della massa liquida, provocano una rete tridimensionale di sacche di alta e di bassa pressione.

Si è visto che le bolle piccole, del diametro di circa 0,2 millimetri, si spostano nelle zone di bassa pressione, dove si fondono fra di loro fino a formare bolle più grosse, del diametro di circa un millimetro e mezzo. Così ingrossate, ricevono dall'acqua una spinta sufficiente a raggiungere la superficie abbastanza rapidamente e a dissolversi. I tecnici americani, ormai abituati alle critiche che a ogni sviluppo o proposta tecnologica vengono dirette loro dal mondo degli ambientalisti, assicurano che le frequenze usate per ridurre le bollicine sono superiori alla soglia di udibilità dei pesci, che quindi non verrebbero affatto disturbati.

La birra corregge Archimede

Dediti a pratiche più pacifiche, alcuni ricercatori australiani dell'Università del Nuovo Galles del Sud, si sono posti il problema delle bollicine di birra che invece sembrano disobbedire ad Archimede. In una coppa di champagne, le bollicine salgono verso l'alto, come si conviene alle bolle di gas immerse in un liquido. In un boccale di birra Guinness invece, si può assistere a delle trasgressioni visibili al venerabile principio di Archimede. Lo hanno scoperto moltissimi osservatori di boccali ricolmi ancora prima di averli scolati.

I problemi della cosiddetta dinamica dei fluidi, affrontati in prima battuta già nel glorioso Settecento dai sommi Eulero (Leonhard Euler, 1707-1783), Daniel Bernoulli (1700-1782) e Joseph-Louis Lagrange (1736-1813), sono oggi affrontati con sofisticate tecniche computazionali.

Nel 1999 Clive Fletcher e collaboratori dell'Università australiana si sono guardati bene diversi boccali e hanno notato che in effetti alcune bollicine si muovono verso il basso. Armati di computer, hanno concluso che per spiegare il fenomeno era necessario tenere conto delle dimensioni delle bollicine e della viscosità della birra. Per poter eseguire analisi ancora più scrupolose, si sono fatti comunicare dall'Irlanda dati precisi forniti dalla casa madre della Guinness, secondo i quali, nella birra appena versata, le bollicine hanno un diametro variabile fra un millimetro e 0,05 millimetri.

Gli australiani hanno allora tenuto conto dei moti di insieme che avvengono dentro a un boccale della famosa bevanda. Nella birra schiumosa appena versata, tutte le bollicine inizialmente salgono e così facendo generano un moto ascensionale anche in parte del liquido stesso. Le bollicine che aderiscono al vetro, cioè alle pareti del boccale sono però più lente delle altre. Si innesca allora un complicato gioco di correnti, in conseguenza del quale il liquido che sale al centro del boccale, dotato di maggiore spinta ascensionale, si spinge verso i bordi una volta giunto alla superficie, per poi iniziare a discendere verso il basso. Così facendo trascina in giù le bollicine più piccole, che non riescono a mantenersi ubbidienti al principio di Archimede.

Il risultato è stato un buon colpo pubblicitario non tanto per la Guinness, che già gode di fama mondiale, quanto per il centro per il calcolo avanzato della Università australiana del Nuovo Galles del Sud. Un motivo di orgoglio in più per gli abitanti di Down Under, come gli inglesi chiamano il continente-isola situato ai nostri antipodi. Per una volta non si sono occupati degli scambiatori di calore per centrali termoelettriche di potenza, o dei problemi del carbone fluido e delle sue turbolenze. E allargando la visuale hanno contraddetto persino Archimede.

Le lucertole del Costarica

Alcuni abitanti delle foreste del Costarica, per la precisione alcune lucertole, riescono addirittura a sfruttare le bolle d'aria obbedienti ad Archimede per riuscire a camminare sull'acqua. Una cosa del genere è sempre stata considerata una prerogativa di esseri dotati di poteri soprannaturali. Invece esiste un animaletto minuscolo, che quotidianamente sfreccia sulle acque di stagni e laghi delle foreste tropicali come fa la lucertola basilisco che si muove, non già nuotando, ma camminando sopra la superficie liquida, o meglio calpestando l'acqua con arte sopraffina in modo tale da riuscire a ricavarne addirittura una spinta ascensionale.

Il segreto della lucertola basilisco (*Basiliscus basiliscus*) è sfuggito a lungo agli scienziati che pure erano armati delle necessarie equazioni della fisica matematica fin dal Settecento. Per risolverlo c'è voluto un accurato studio sperimentale svolto su di un campione di sette lucertole, catturate in Costarica e deportate negli USA. Messe in una vaschetta mantenuta a temperature tropicali, sono state debitamente spaventate per poter osservare e filmare i loro scatti fulminei. Così due biologi dell'ateneo di Harvard, Jim Glasheen e Thomas McMahon sono riusciti a carpire il loro segreto e si sono affrettati a rivelarlo alla rivista «Nature».

Opportunamente riprese nei loro scatti improvvisi, le lucertole hanno rivelato uno straordinario sfruttamento delle leggi dell'idrodinamica. In sostanza, le lucertole sbattono la superficie dell'acqua con le loro zampine, e lo fanno con energia sufficiente a creare delle bolle di aria proprio sotto le loro sottili ma potenti estremità.

In altri termini, con il loro rapido movimento di battuta, spingono dell'aria verso il basso creando una bolla nell'acqua. Il gioco della pressione idrostatica e della resistenza dell'acqua permette alla lucertola di appoggiare la zampa per un tempo brevissimo ma sufficiente a darsi la spinta per il passo successivo, mentre nel frattempo la bolla d'aria scompare.

Di fatto sembra quindi che le lucertole basilisco non appoggino le zampe sull'acqua, ma solo sulle bolle d'aria. Si potrebbe persino dire che camminano sull'aria. Bisogna però ricordare che riescono nell'impresa perché pesano circa 90 grammi e con i loro 50 centimetri di lunghezza riescono a raggiungere velocità superiori ai 2 metri al secondo.

Per poter sfruttare lo stesso meccanismo che consente alle lucertole di correre sull'acqua, un uomo di 80 chilogrammi dovrebbe scattare alla velocità di 30 metri al secondo, cioè una velocità al di là delle capacità umane. Inoltre per colpire l'acqua con la velocità necessaria, un uomo dovrebbe sviluppare una potenza 15 volte superiore a quella massima sprigionabile da un organismo umano quando è impegnato in una corsa in salita.

LA COMPLICATA FORMULA DI UNA FOGLIA CHE CADE

La caduta di una foglia dal ramo di un albero o lo svolazzare di un foglio di carta, scivolato fuori dal piano della scrivania, per quanto possa risultare sorprendente, sono tuttora eventi non descrivibili con esattezza nell'ambito delle leggi della fisica classica. Non c'è equazione che permetta di inquadrare la traiettoria seguita da un pezzo di carta che sfugge di mano e sicuramente raggiunge il pavimento in virtù dell'irresistibile attrazione della forza di gravità. Ma lo fa appunto eseguendo svolazzi e torsioni tuttora imprevedibili anche per la più agguerrita fisica matematica. Persino i tentativi di simulare al computer il complicato evento hanno fatto alzare bandiera bianca agli ardimentosi investigatori.

Strisce di plastica

Alcuni spiragli verso la soluzione del secolare problema sono venuti da recenti esperimenti condotti presso l'Istituto Weizmann in Israele. In tali esperimenti, però, il complicato fenomeno è stato studiato in una versione semplificata, vale a dire non in tre dimensioni, come succede nel mondo reale, ma bensì soltanto in due. Gli scienziati hanno cioè fatto cadere strisce sottili di metallo o plastica in un vaso sottile riempito di un fluido in modo da obbligare le strisce a cadere lungo un piano, ovvero lungo una superficie bi-dimensionale.

Non hanno usato pezzi di carta, ma materiale più

rigido, come appunto strisce di plastica, di ottone e di acciaio. Anche queste strisce di materiale più pesante, al pari delle strisce di carta o delle piume, devono negoziare tempi e modi della loro caduta, che non avviene nel vuoto torricelliano, ma nell'ambito di un fluido, come acqua, etere o una miscela di acqua e glicerina.

È la risposta, per così dire, dei diversi fluidi alle varie forme e tipi di strisce cadenti che determina la capricciosità delle traiettorie seguite e soprattutto degli ondeggiamenti preferiti dalla striscia, la quale può fare semplici capriole oppure ballonzolare di lato, di qui e di là.

Il fatto che entri in gioco un effetto di *feed-back*, ovvero di reazione del fluido sull'oggetto in caduta, si traduce in una proprietà delle relative equazioni matematiche, le quali, usando il linguaggio dei dotti, acquistano la proprietà di essere non-lineari. In parole povere, non si riesce più a riconoscere un legame o una proporzionalità diretta fra causa ed effetto.

La legge di Hooke

Un esempio tipico di legge semplice di carattere lineare è dato dalla cosiddetta legge di Robert Hooke (1635-1703), che collega l'allungamento di una molla all'intensità della forza applicata. Vi è un legame diretto e semplice in quanto per allungare di più la molla, bisogna esercitare una forza maggiore. Cioè la causa (ovvero la forza) risulta direttamente proporzionale all'effetto (e cioè l'allungamento). Questa legge di Hooke, che esprime un legame o una dipendenza lineare fra causa ed effetto è talmente elementare che alcuni non la ritengono degna neppure della denominazione di legge di natura, in quanto ha un campo di applicazione abbastanza ristretto (se si allunga troppo la molla si spezza e addio proporzionalità diretta).

Quando si ha a che fare con la «non-linearità» di cui sopra, il formalismo matematico diventa ben più complicato e attualmente una schiera di matematici è impegnata nella soluzione dei problemi caratterizzati appunto dalla non-linearità, in quanto rappresentano casi concreti del mondo reale, più delle astratte semplificazioni dei libri di testo elementari.

Per tornare alla imprevedibilità delle traiettorie di caduta di un foglio di carta, si è naturalmente messo in rilievo anche l'inevitabile incertezza nelle cosiddette «condizioni iniziali». Il che porta a una ulteriore complicazione nella trattazione teorica del fenomeno, che non per nulla è indicata in gergo con il nome di «caos».

L'intuizione di Laplace e i jet

Nei primi decenni dell'Ottocento un personaggio del calibro di Pierre-Simon Laplace (1749-1827), poteva ritenere che anche il movimento di una piuma o di una molecola di vapore sarebbe alla fine risultato prevedibile come quello dei pianeti del sistema solare. Nel corso del Novecento si è constatato che le molecole non sono così prevedibili nel loro comportamento come sperava Laplace. Il crollo di questa parte dell'illusione del sommo francese è stato provocato dalla fisica atomica. Di più, si è verificato che neppure le piume o le foglie che cadono presentano un andamento perfettamente inquadrabile e controllabile. Ovvero anche nella fisica dei corpi e sistemi macroscopici e degli oggetti della vita quotidiana è emersa una imprevedibilità inaspettata.

I ricercatori israeliani da cui siamo partiti hanno dunque studiato ondeggiamenti e capriole delle strisce cadenti, venendo alle prese anche con il problema dei vortici che si formano nei fluidi e che sono responsabili delle imprevedibilità segnalate. Sono gli stessi vortici che influenzano il moto degli aerei e che, ben sfruttati, consentono a insetti e uccelli di volare con grande efficienza. Ovviamente gli uccelli e gli insetti battono le ali, cosa che non fanno i jet. Ma lo studio delle strisce cadenti potrà forse far luce su entrambi i meccanismi.

LA DOPPIA FINESTRA
E I CAMINI DELLE MARMOTTE

Nei paesi freddi del profondo Nord si usano doppie finestre per tenere caldo un appartamento. Si è portati a pensare che l'accorgimento sia ovvio, per il motivo che «due finestre sono sempre meglio di una sola». In realtà il maggior effetto delle doppie finestre (entrambe supposte prive di fessure) sta nell'intercapedine di aria compresa. L'aria è infatti pessima conduttrice del calore. Quindi dell'aria opportunamente confinata concorre fortemente all'isolamento termico, e impedisce le perdite di calore.

Anche in presenza di una finestra singola, a volte si ha l'impressione, d'inverno, che vi sia una corrente fredda proveniente dalla finestra stessa, come se questa non fosse ben chiusa o sigillata. Nonostante l'assenza di spifferi sembra che vi sia del freddo che penetra all'interno di un ambiente caldo.

Il fatto è che pure in una stanza chiusa l'aria non è quasi mai ferma del tutto. È infatti continuamente percorsa da fluidi invisibili, provocati dal riscaldarsi e dal raffreddarsi dell'aria stessa nelle diverse parti della stanza.

Ora, riscaldandosi, l'aria diventa più sottile e quindi più leggera. Al contrario, raffreddandosi, diventa più densa e più pesante.

L'aria verso il soffitto

L'aria che staziona vicino a una lampada accesa oppure a un termosifone, riscaldata e diventata più leggera, viene spostata e spinta in alto verso il soffitto da un'aria più fredda, che, sempre all'interno della stanza, è stata invece a contatto con le pareti fredde o con le finestre. Quest'aria fredda fluisce invece verso il basso e da qui sposta verso l'alto l'aria più calda. Con un palloncino leggero fatto galleggiare sopra un termosifone si possono esplorare queste correnti invisibili, che si agitano all'interno di una stanza chiusa. Si tratta di correnti circolari che vanno da una finestra (a contatto con il freddo esterno) verso il pavimento. Mentre se partiamo dall'aria che circonda una sorgente di calore, come un termosifone, la corrente va verso l'alto.

Di qui l'impressione dell'esistenza di una corrente fredda, che in apparenza proviene da una finestra ben chiusa e sigillata.

Consideriamo ora invece una stanza chiusa, nella quale si trovi un bel camino con un fuoco acceso. Il fumo sale nel camino perché viene sospinto dall'aria calda. A contatto con il fuoco, l'aria si espande e diventa più leggera dell'aria circostante, viene quindi spinta verso l'alto trascinando con sé le particelle del fumo.

A coadiuvare l'ascesa del fumo lungo la canna di un camino coopera anche il principio di Bernoulli (→ Bernoulli). All'interno di una stanza di un edificio, come abbiamo detto, l'aria non è mai completamente immobile. A maggior ragione, sopra il tetto di una casa vi sarà dell'aria in movimento, e sarà sempre un movimento più veloce di quello dell'aria che staziona nella stanza all'interno della casa. Questa diversa velocità dell'aria genera un'azione di risucchio verso l'alto, e aiuta la fuoriuscita del fumo dal camino o da una canna di scarico.

Le grotte dei roditori

Anche le marmotte e i roditori delle praterie sembrano conoscere questo effetto. Si scavano infatti le tane in modo da avere due entrate. In corrispondenza di una entrata l'aria sovrastante avrà una certa velocità, che sarà sempre un po' diversa da quella dell'aria che sovrasta l'altra entrata. Tale differenza di velocità si traduce, grazie a Bernoulli, in una differenza di pressione, che facilita la circolazione dell'aria all'interno della tana. Alcuni animaletti che vivono nelle tane sotterranee si spingono anche oltre. Scavano infatti una delle buche a una altezza leggermente superiore all'altra, quasi sapendo che la velocità del vento aumenta leggermente con la quota. Si assicurano così una differenza di pressione fra le due entrate della tana, e così una circolazione di aria fresca all'interno della medesima.

Ma torniamo all'argomento del calore e della densità. Se si vuole scaldare qualcosa, lo si mette senza esitazioni sopra il fuoco. Se invece si vuol raffreddare qualcosa, come una bottiglia di champagne si depone sul ghiaccio. Sarebbe però più rispondente alle leggi della fisica metterla sotto il ghiaccio. Al contrario del riscaldamento, infatti, che procede sempre dal basso, il raffreddamento dovrebbe invece procedere dall'alto.

Infatti le sostanze più fredde sono più dense di quelle più calde. Quindi una bevanda fredda è più densa di una calda. Se si pone del ghiaccio al di sopra di una bottiglia, le parti superiori della bevanda, poste a contatto diretto con il ghiaccio, si raffreddano diventando più dense.

Come raffreddare meglio una bottiglia

Di conseguenza vanno a fondo all'interno della bottiglia e così facendo spingono verso l'alto la parte di liquido meno fredda e meno densa, cioè più calda e non ancora raffreddata, la quale a sua volta andrà a raffreddarsi a contatto con il ghiaccio. In un tempo abbastanza breve, tutto il liquido contenuto nella bottiglia sarà venuto a contatto con il ghiaccio e si sarà raffreddato.

Se invece si pone una bottiglia sopra il ghiaccio, la parte inferiore del liquido raffredda prima, diventando così più densa, ma in tal modo resta al fondo della bottiglia. Il resto del liquido, che si trova nella parte superiore della bottiglia ed è quindi più caldo, non ha modo di prendere il posto del liquido più freddo e più denso, che si trova in basso a contatto con il ghiaccio. Non si genera, quindi, nessuna miscela fra i due e l'operazione del raffreddamento è poco efficiente.

Così racconta il divulgatore russo Jakov Isidorovič Perelman, grande esperto di ghiaccio, che raccomanda di metterlo sempre in alto, perché possa provocare un effetto migliore nel raffreddamento.

PERCHÉ I PICCOLI DEVONO MANGIARE DI PIÙ

All'interno del corpo umano, il calore si sprigiona e si distribuisce più o meno uniformemente in tutto il suo volume. Ora gli esperti dicono che la velocità con cui si sprigiona il calore al suo interno è direttamente proporzionale al volume del corpo, cioè al cubo o alla terza potenza di una dimensione lineare.

Ma bisogna tenere conto anche della velocità con la quale il corpo cede il suo calore all'esterno, cioè all'ambiente circostante. Il corpo cede calore attraverso la pelle, che costituisce la sua superficie esterna. La velocità o il ritmo con cui il calore viene ceduto all'esterno dipende dunque dalla superficie, cioè da un'area, che è il quadrato o la seconda potenza di una dimensione lineare.

Consideriamo il corpo degli animali cosiddetti a sangue caldo, il cui organismo deve mantenersi a temperatura costante al fine di un corretto espletamento delle sue funzioni. Vediamo allora che quanto più questo corpo è grande, tanto minore può essere la velocità con cui al suo interno viene sprigionato del calore.

Esistono numerosi esempi di questo genere di strette relazioni fra le dimensioni di un corpo, l'energia sprigionata al suo interno e la sua temperatura.

L'elefante e il topo

Per gli organismi dei mammiferi, la temperatura corporea non varia in misura significativa da animale ad animale. È più o meno uguale sia per un elefante che per un piccolo topo dei campi. L'organismo dell'elefante può dunque produrre energia a un ritmo molto più blando che non il topolino, cioè circa 30 volte più lentamente, allo scopo appunto di mantenere la sua temperatura costante e più o meno uguale a quella del topolino.

Se all'interno del corpo dell'elefante si sprigionasse del calore allo stesso ritmo e alla stessa velocità con la quale si genera nel topo, allora tutto il calore così prodotto non potrebbe essere rilasciato ovvero ceduto all'esterno abbastanza rapidamente, in modo da mantenere una temperatura corporea costante. L'elefante non si raffredderebbe abbastanza alla svelta e finirebbe così per arrostirsi nella sua stessa pachidermide.

Un ragionamento del genere vale per gli organismi viventi che sono a sangue caldo. Tanto più un organismo ha dimensioni piccole, tanto maggiore deve essere la velocità con cui il calore e l'energia vengono prodotti al suo interno (in rapporto all'unità di massa). Se un organismo è piccolo, infatti, solo con un elevato ritmo di produzione del calore gli è possibile compensare le perdite che subisce attraverso la superficie esterna e mantenere una temperatura corporea costante. E mantenere la temperatura corporea costante assicura agli organismi degli animali a sangue caldo la possibilità di espletare le loro funzioni in modo normale.

Ma allora, tanto più un organismo è piccolo, tanto più cibo deve ingerire, sempre in relazione all'unità di massa. Il Pollicino della fiaba era infatti un pargoletto tremendamente vorace e ingordo. In paragone a un uomo normale doveva infatti letteralmente divorare 20 volte più cibo, per chilogrammo di massa.

La zanzara

Fra i mammiferi più minuscoli che popolano il pianeta Terra, vi è un topolino che arriva a pesare (cioè a essere leggero) solo un grammo e mezzo. Ma il poveretto è obbligato a mangiare in un giorno 2 volte di più. Se restasse senza cibo anche solo per qualche ora, non riuscirebbe a sopravvivere e andrebbe incontro alla morte. Lo sfavorevole rapporto fra la superficie corporea e il volume del suo corpicino, lo obbliga infatti a una continua ricerca di cibo che deve ingurgitare in quantità superiori alla sua stessa massa. Lo scopo della necessaria ingordigia è quello di bruciare tutto quel cibo per produrre rapidamente tanta energia e tanto calore, così da poter sopperire alle perdite che avvengono attraverso la superficie corporea.

Vi sono organismi ancora più piccoli del minuscolo topolino di cui sopra, ma non possono essere a sangue caldo. Le zanzare ad esempio non potrebbero essere animali a sangue caldo.

Basti pensare che un uomo più o meno normale deve nutrirsi in una giornata con circa un chilogrammo di cibo. Per un uomo di 80 chili, questo rappresenta solo un ottantesimo della sua massa.

Per potersi mantenere a sangue caldo, a una temperatura uguale a quella dei mammiferi, una zanzara dovrebbe ingurgitare al giorno una quantità di cibo che, come è stato calcolato, dovrebbe ammontare a circa 15 volte la sua massa. Diventano allora chiari i motivi per cui la zanzara non può essere un animale a sangue caldo, perché per mantenere costante la temperatura del suo corpo sarebbe costretta a mangiare in continuazione.

LA CAPILLARITÀ E IL MISTERO DELL'ACQUA CHE NELLE PIANTE SALE FINO A 100 METRI

I fenomeni che avvengono al confine fra un liquido e un solido si spiegano considerando la superficie del liquido come una pellicola stirata o una membrana in tensione. Il grado di elasticità della pellicola superficiale viene espresso dal cosiddetto coefficiente di tensione superficiale. A causa della tensione superficiale, gli insetti possono camminare sull'acqua e anche un piccolo spillo di acciaio galleggia. Per quanto riguarda le piccole gocce d'acqua, queste dovrebbero avere tutte invariabilmente forma sferica, qualora entrassero in gioco solo le forze legate alla tensione superficiale. Infatti la forma della sfera corrisponde alla superficie minore per un dato volume. Ma in condizioni normali entra in gioco anche la forza di gravità perché siamo immersi nel campo gravitazionale terrestre. Di conseguenza le gocce che pendono da un rubinetto si allungano a pera prima di staccarsi e quelle che giacciono su di una superficie piana sono appiattite verso il basso. Solo le gocce più minuscole riescono a mantenere la forma sferica.

Forze molecolari

Il gioco della capillarità è dovuto alle forze molecolari che dominano alle superfici dei liquidi. La superficie libera di un liquido contenuto in un recipiente non è esattamente piana ma presenta una lieve curvatura ai bordi, diretta verso l'alto o verso il basso a seconda della natura delle pareti. Quanto più piccola è la sezione del recipiente, tanto più questo effetto risulta marcato. Nei cosiddetti «tubi capillari» diventa addirittura marcatissimo. Il loro nome deriva dal fatto che le le loro dimensioni sono vicine a quelle di un capello, cioè attorno al decimo di millimetro. Quindi, sono cioè talmente stretti che l'effetto di curvatura ai bordi interessa tutta la superficie libera del liquido.

Il gioco delle forze molecolari fra la parete del recipiente e la «membrana elastica» rappresentata dalla superficie libera del liquido provoca effetti tali capaci di prevalere addirittura sulla forza di gravità. Ciò produce in qualche caso degli effetti positivi. Ad esempio si ha la risalita dei liquidi dal terreno lungo i tronchi delle piante, come pure l'assorbimento dell'acqua negli asciugamani, o l'inzupparsi di un biscotto nel caffelatte.

Immergendo un tubicino di vetro di dimensioni «capillari» nell'acqua, questa risalirà lungo il tubo fino a una certa altezza e la superficie libera avrà una forma concava. Il liquido al centro del tubo si troverà cioè a una quota inferiore rispetto al liquido che è in contatto con la parete del tubicino. L'acqua, cioè, letteralmente si arrampica sulle pareti finché la sua spinta ascensionale, determinata dalle forze molecolari, viene annullata dal peso della colonna d'acqua che si è sollevata.

Adesione e coesione

L'altezza che essa può raggiungere dipende dal gioco delle forze molecolari, cioè delle forze di coesione che agiscono fra le molecole del liquido, e delle forze di adesione che si esercitano fra le molecole del liquido e quelle del vetro solido del tubicino. Se prevalgono le forze adesive, allora il liquido «bagna» le pareti e si innalza, formando di conseguenza un menisco concavo. Se invece predominano le forze coesive, il liquido non bagnerà il tubo e si formerà un menisco convesso.

In pratica, l'acqua contenuta in un tubicino di vetro lo «bagna», mentre il mercurio, come possiamo vedere in un termometro per misurare la febbre, formerà un menisco convesso.

Vi sono però alcuni materiali che l'acqua non riesce a bagnare al meglio, come ad esempio alcuni tipi di fibre che non assorbono per capillarità. L'acqua ha in effetti una tensione superficiale elevata ed è questo fatto che le impedisce di penetrare facilmente fra le fibre dei materiali e in piccole incavature.

Ma per cambiare le cose volendo c'è un trucco. Saponi e detergenti hanno l'effetto di abbassare la tensione superficiale dell'acqua, aumentando così la sua capacità di «bagnare» ed essere così assorbita da una certa fibra.

L'acqua negli alberi

Il problema di come gli alberi riescano ad assorbire l'acqua succhiandola fino ad altezze superiori anche ai 100 metri è stato dibattuto a lungo. L'acqua contenente i sali minerali del suolo, viene innalzata attraverso piccoli capillari, detti xilemi. Questi hanno un raggio variabile da circa 0,01 millimetri (un centesimo di millimetro) a 0,3 millimetri (a tre decimi di millimetro). In laboratorio si è invece visto che anche i capillari più sottili però riescono a innalzare l'acqua al massimo soltanto per circa un metro e mezzo. Anche considerando la pressione atmosferica, questa può sollevare l'acqua solo per 10 metri.

L'enigma dei 100 metri

Quindi né la capillarità né la pressione atmosferica sono in grado di spiegare da sole come mai le piante riescano a succhiare l'acqua fino ad altezze tanto elevate, fino appunto a 100 metri dal suolo. Qui poi evapora dalle foglie lasciando il posto ad altre molecole del liquido.

Per spiegare il mistero oggi gli specialisti accettano un'ipotesi che era già stata proposta nel secolo scorso dando luogo a infinite discussioni e che fino a poco tempo fa era generalmente respinta. Il meccanismo di sollevamento dell'acqua nelle piante sarebbe basato sul concetto di «pressione negativa».

Un liquido in condizione di «pressione negativa» è come una corda in tensione tirata ai suoi due estremi. In tale situazione anomala il liquido si comporta come se fosse sottoposto a tensione in tutto il suo volume interno e non solo alla superficie.

Pressione negativa

L'economia della natura, come si vede, è sempre complessa. La maggior parte delle piante terrestri si procurano dal suolo l'acqua necessaria per il loro nutrimento. A sua volta il suolo, costituito da granuli di argilla, sabbia, limo e da particelle di sostanze organiche, ha una sua capacità di trattenere l'acqua. E le radici delle piante riescono ad assorbirla con maggiore facilità se aderisce solo debolmente alle particelle del suolo.

Non è poi da dimenticare che l'acqua contenuta nel suolo è sempre soggetta alla forza di gravità, la quale la fa percolare attraverso il suolo stesso, facendola passare fra le fessure delle rocce.

Gli ecologi avanzano la congettura che le radici delle piante siano in grado di esercitare una forte attrazione sull'acqua presente nel suolo. Che sia forte lo dimostra il fatto che gli alberi più alti riescono a sollevare l'acqua fino alle foglie situate a più di 100 metri dal suolo, esercitando così una attrazione equivalente a una pressione di circa 10 atmosfere. Proprio queste cifre fanno pensare che sforzi del genere non possano essere dovuti solo al gioco delle forze molecolari, ma intervenga in aiuto, appunto, la «pressione negativa».

CON LA FORZA CENTRIFUGA ALL'EQUATORE SI È PIÙ LEGGERI

Apriamo un ombrello e rovesciamolo sul pavimento, facendolo ruotare sulla sua punta. Poi lasciamoci cadere dentro una palla e così dopo qualche attimo vedremo la palla ruotare proprio sull'orlo dell'ombrello finendo presto per schizzare via in linea retta.

La forza che ha gettato la palla fuori dall'ombrello è chiamata forza centrifuga. In realtà però il fattore che entra in gioco è la proprietà dell'inerzia, ovvero la tendenza che hanno i corpi in movimento a mantenere sia la velocità che la direzione.

Un corpo costretto a muoversi su di una traiettoria circolare è obbligato a cambiare continuamente la direzione. La palla che è in balia delle rotazioni dell'ombrello rimane in quelle condizioni, finché prevale la sua tendenza all'inerzia.

Le fionde dei guerrieri

Le fionde degli antichi guerrieri sfruttavano questo effetto secoli prima che i Padri Fondatori della scienza ne dessero spiegazione nel Seicento. Invece delle pietre, le centrifughe delle odierne lavatrici espellono l'acqua fuori dai panni bagnati.

Quando un tram fa una curva, i passeggeri avvertono una spinta verso l'esterno. In presenza di curve sensibili, il binario esterno è di solito sopraelevato rispetto a quello interno.

Nelle piste dove si svolgono gare di velocità per ciclisti o motociclisti, le pareti in corrispondenza delle curve sono quasi verticali. Inclinandosi rispetto all'orizzontale i centauri si mantengono in condizione di stabilità. Per la stessa ragione, cavaliere e cavallo si curvano verso l'interno quando devono affrontare una curva.

Gli stessi effetti si presentano anche su scala macroscopica, ovvero planetaria e precisamente terrestre. Come è noto da secoli, la Terra ruota attorno al proprio asse e di conseguenza ci devono essere manifestazioni della forza centrifuga. In effetti a causa della medesima, tutti gli oggetti che si trovano sulla superficie terrestre risultano più leggeri. Quanto più un oggetto è vicino all'Equatore, tanto più lungo è il cerchio lungo il quale si muove giornalmente.
Di conseguenza deve ruotare quindi con maggiore velocità e questo porta a una diminuzione del suo peso.

Più veloci e più leggeri

Una massa di un chilogrammo, portata da uno dei poli all'Equatore, e qui ripesata con una bilancia a molla, denuncerebbe una perdita di peso pari a 5 grammi. Non è molto, ma una locomotiva che si sposti da Stoccolma a Roma, avvicinandosi così all'Equatore, perde 60 chilogrammi, cioè l'equivalente del peso di un adulto.

Una nave da guerra del peso di 20.000 tonnellate, spostandosi dal mar Bianco, nel nord della Russia, al mar Nero, perderà ben 80 tonnellate di peso, equivalenti al peso di una locomotiva.

Questo succede perché la Terra ruota, come l'ombrello rovesciato da cui siamo partiti. Gli oggetti che ruotano alla sua superficie però non vengono proiettati all'esterno. Gli anticopernicani dei tempi di Galileo ritenevano che questa fosse una prova a favore della immobilità della sfera terrestre. Per fortuna la Terra ruota piano e poi l'attrazione terrestre si incarica di trattenere gli oggetti attaccati alla superficie terrestre stessa. La forza attrattiva che entra in gioco è la gravità studiata da Isaac Newton, quando riuscì a dare un fondamento fisico-dinamico alla proposta geocentrica dell'astronomo Niccolò Copernico (1473-1543), portando così a termine il cammino iniziato da Galileo.

Come perdere il peso

In effetti, come temevano o speravano gli anticopernicani, la rotazione terrestre non ce la fa a scagliare tutti gli oggetti al di fuori della superficie terrestre, ma li rende solo più leggeri.

Secondo i calcoli di alcuni scienziati, se la Terra ruotasse 17 volte più velocemente, gli oggetti che si trovano all'Equatore perderebbero completamente il loro peso. E se ruotasse ancora più velocemente, l'assenza di peso si estenderebbe anche a zone lontane dall'Equatore. Ci si troverebbe allora nella stessa situazione degli astronauti delle stazioni spaziali in orbita attorno alla Terra.

QUANTO È VELOCE IL SANGUE SCORRENDO DAL CUORE AI CAPILLARI

Il sangue che circola nel nostro corpo esce dal ventricolo sinistro del cuore per andare nell'aorta, che è l'arteria più grande che abbiamo. Lo stesso volume di sangue, nel medesimo tempo, circola anche nei vasi più sottili che abbiamo, cioè nei capillari.

Questi hanno un diametro di circa 7 micrometri, cioè 7 milionesimi di metro, che è quasi uguale al diametro di un globulo rosso. Lungo i capillari il sangue si muove a una velocità che è circa di mezzo millimetro al secondo.

Sappiamo inoltre che il cuore funziona come una pompa spingendo nell'aorta un decimo di litro di sangue al secondo. Facendo un rapido calcolo sulla base della costanza del flusso sanguigno, si dedurrebbe sulla base di queste semplici cifre che il numero dei capillari nel corpo umano dovrebbe aggirarsi sui 5 miliardi.

In effetti però il numero dei capillari del nostro corpo risulta assai maggiore, in quanto normalmente solo una parte di essi risulta aperta e funzionante. Si può avere una attivazione improvvisa dei capillari, e un esempio è dato dal rossore che appare sulle guance di un individuo.

In condizioni normali di riposo, soltanto una minoranza dei capillari risulta aperta. In effetti l'area totale che si ha sommando tutte le loro sezioni è circa 650 volte maggiore dell'area della sezione dell'aorta.

Liquido nelle condutture

La costanza del flusso, da considerare in termini insieme di velocità e di superficie attraverso cui scorre, spiega la diversa velocità del sangue attraverso i capillari rispetto alla velocità con cui scorre lungo l'aorta. Infatti il raggio dell'aorta è di circa un centimetro e il sangue scorre al suo interno alla velocità di circa 30 centimetri al secondo, molto superiore dunque a quella con cui si muove nei capillari.

La relativa lentezza del flusso sanguigno entro i capillari è d'altronde necessaria allo scopo di completare gli scambi che hanno luogo fra il sangue stesso e i tessuti, ed è quindi importante per la funzionalità del corpo umano.

Queste considerazioni basate sulla continuità del flusso di un liquido attraverso delle condutture, partono naturalmente dall'ipotesi che il fluido in questione sia incomprimibile. Questa ipotesi non ha validità assoluta, ma costituisce comunque una ottima approssimazione della realtà fisica quando si tratta di liquidi, come il sangue o l'acqua, in condizioni normali.

CORRENTI D'ARIA NELLA STANZA E NELL'ATMOSFERA: C'È DI MEZZO IL CAOS

Una farfallina di carta sottilissima, posta sopra un calorifero, si agita leggermente. Ciò che la muove è lo stesso agente che fa ruotare le braccia di un grosso mulino a vento, cioè il flusso dell'aria. Nelle vicinanze di ogni oggetto caldo, vi è un flusso di aria diretto verso l'alto. Questo viene generato dal fatto che l'aria, così come ogni altro materiale, si espande quando viene riscaldata. Espandendosi, diviene più rarefatta, e quindi più leggera. A questo punto, l'aria circostante, più fredda e quindi più densa e pesante, sposta l'aria più calda, la fa risalire e ne occupa il posto.

Entrata però a sua volta in contatto con la sorgente di calore, cioè con l'oggetto caldo, l'aria più fresca si riscalda e si innalza pure essa, venendo sostituita da altra aria più fredda. Così attorno a ogni oggetto riscaldato si genera un flusso ascensionale di aria, che si mantiene finché l'oggetto stesso rimane più caldo dell'aria circostante.

Un venticello caldo che appena si nota, soffia in verticale da ogni oggetto scaldato. Una farfallina di carta sottile si agita non solo quando viene posta sopra un termosifone, ma anche al di sopra di una lampadina, che emette energia sotto forma di calore e non soltanto in forma di luce (come sarebbe desiderabile).

Ci si imbatte nell'espansione dell'aria quando viene riscaldata, e nella sua ascesa praticamente a ogni piè sospinto.

In una stanza riscaldata, l'aria è più calda vicino al

soffitto, mentre quella fredda rimane vicina al pavimento. Questo a volte genera l'impressione di una corrente d'aria ai piedi, quando una stanza non è ancora stata riscaldata bene.

Se si apre la porta di una stanza riscaldata verso un ambiente esterno freddo, l'aria fredda fluisce verso l'interno muovendosi lungo il pavimento, mentre l'aria calda esce lungo il soffitto. Nei tempi in cui erano ancora in uso le candele, il doppio flusso era facilmente reso evidente dalla fiammella che si piegava.

Per mantenere il calore in una stanza tutti sanno che bisogna evitare gli spifferi di aria fredda attraverso le fessure inferiori delle porte. Eliminando gli spifferi in basso, si evita che l'aria calda venga a sua volta spinta fuori attraverso le fessure superiori delle porte.

I flussi di aria fredda e calda nell'atmosfera generano una complessa serie di fenomeni, che tuttora impegnano centri di ricerca dotati di computer potentissimi. La circolazione atmosferica all'interno di una stanza è cosa relativamente semplice, ma se si affronta il problema delle circolazioni di aria nell'atmosfera terrestre, ci si trova di fronte a problemi formidabili, tuttora insoluti.

L'origine dei venti è stata oggetto di meditazione fin dall'antichità, quando si incominciò a pensare di non potere cavarsela inventando il dio Eolo. Con la scoperta della pressione atmosferica, effettuata nel Seicento, divenne chiaro che i venti sono generati da diversità di pressione nell'ambito dell'atmosfera stessa. La scienza della meteorologia ha continuato a svilupparsi tuttavia sempre su di una base empirica, pur traendo giovamento dallo sviluppo dei settori della fisica, come la termodinamica e la dinamica dei fluidi, che ne costituiscono la base. Per spiegare il fenomeno del Nino o altre anomalie atmosferiche, i fisici dell'atmosfera devono dare a fondo a tutte le conoscenze accumulate da Torricelli in poi, oltre naturalmente a servirsi di tutte le più sofisticate simulazioni al computer.

In effetti la fisica dell'atmosfera costituisce uno dei

campi più complessi di indagine, anche se ha a che fare con un sistema come si suol dire «classico», al quale cioè si applicano le leggi della fisica degli oggetti macroscopici dell'esperienza quotidiana. Non intervengono, cioè, considerazioni basate sui settori della fisica che si sono sviluppati in epoca quantistica o relativistica. Anzi la complessità di un sistema classico come l'atmosfera, ha dato origine a un nuovo paradigma teorico, come dicono i dotti, che non per nulla è stato battezzato teoria del caos.

LA DIFFRAZIONE DELLA LUCE E LA RADIOGRAFIA DEGLI ATOMI

La diffrazione consiste nell'incurvamento delle onde da parte di un ostacolo e nella loro penetrazione nell'ombra geometrica. Il fenomeno non riguarda soltanto le onde luminose, ma anche le onde di qualunque tipo. Gli effetti della diffrazione diventano tanto più evidenti quanto più le dimensioni dell'ostacolo sono vicine alla lunghezza d'onda. Le onde sonore o acustiche sono caratterizzate da lunghezze d'onda dell'ordine dei metri. È dunque molto facile notare degli effetti di diffrazione per il suono. Infatti è possibile ascoltare qualcuno che sta parlando dietro una parete, quando una porta è socchiusa. Il suono infatti può «voltare» gli angoli.

Per la luce invece il discorso è diverso in quanto la lunghezza d'onda è dell'ordine di qualche micrometro. Nelle normali condizioni della vita di ogni giorno, è molto difficile osservare effetti legati alla diffrazione della luce. E infatti per lunghi secoli l'idea generalmente accettata fu che la luce fosse in grado di propagarsi solo in linea retta.

Cominciò con Huygens

Una prima descrizione qualitativa dei fenomeni della diffrazione delle onde è stata possibile grazie al principio di Christiaan Huygens (1629-1695). Formulato sul finire del Seicento, tale principio fornì la base, sulla quale vennero eseguiti più tardi calcoli precisi di tipo quantitativo.

Lo scienziato che si rese illustre in questa impresa fu il super-virtuoso dell'ottica, il francese Augustin Fresnel (1788-1827), un personaggio completamente dedito alla scienza. Nel 1818 presentò una sua *Memoria sulla diffrazione della luce* a un concorso indetto dall'Accademia delle Scienze di Parigi. L'anno successivo ebbe la soddisfazione di vedere il suo lavoro premiato e pubblicato negli atti ufficiali della stessa Accademia.

Della commissione incaricata di esaminare le memorie faceva parte un grosso personaggio dell'*establishment* scientifico parigino, Siméon Denis Poisson (1781-1840). Egli era una delle figure più importanti della scienza francese e mondiale e dominava la scena insieme al sommo fisico, matematico e astronomo Pierre-Simon Laplace.

Poisson vuol bocciare Fresnel

Comportandosi come uno scrupolosissimo esaminatore, Poisson estese i calcoli di Fresnel a un caso particolare di diffrazione, che non era stato considerato dal candidato. Considerò il caso di un fascio di luce diretto su di un disco solido, e ne concluse che, sulla base delle idee teoriche di Fresnel, la luce diffratta attorno agli orli avrebbe dovuto interferire in modo significativo al centro dell'ombra proiettata dal dischetto (o da una sferetta) facendo comparire una piccola macchia bianca o luminosa.

Questo era senza dubbio un fatto che andava contro l'intuizione corrente e Poisson lo sottolineò proprio per dimostrare che i calcoli elaborati da Fresnel, sulla base del principio di Huygens, non avevano un fondamento serio.

Insomma, il meticoloso Poisson si impegnò a eseguire calcoli dettagliati sulla falsariga di quelli presentati da Fresnel, proprio per dimostrare quanto la teoria ondulatoria della luce, sulla quale si basava Fresnel, fosse sbagliata.

Purtroppo quelle di Poisson erano solo delle accurate previsioni teoriche, ma rimaneva da eseguire effettivamente l'esperimento. Della cosa si incaricò Dominique-François Arago (1786-1853), un personaggio della scienza francese, che non aveva la stazza di Laplace e di Poisson, ma era un intellettuale curioso di scienza, dotato di grande genialità e decisamente insofferente dell'egemonia esercitata da un certo *establishment.* E lo dimostrò proprio eseguendo quell'esperimento sulla diffrazione che Poisson aveva indicato. Il risultato diede in pieno ragione a Fresnel, ovvero alla teoria ondulatoria.

Vince Fresnel aiutato da Arago

La prova certificò l'esistenza di una macchiolina luminosa nell'ombra proiettata dal dischetto, proprio come aveva previsto Poisson nell'intento di screditare le idee di Fresnel. I paradossi denunciati da Poisson si rivelarono dunque nient'altro che dei fatti sperimentali. La natura si comporta esattamente come aveva previsto Poisson, sulla base delle idee di Fresnel, anche se Poisson era convinto del contrario, dato che in ottica era un seguace della teoria corpuscolare attribuita a Newton.

L'esito di quegli esperimenti ebbe un seguito importante, in quanto innescò un processo di generale accettazione della teoria ondulatoria della luce.

Figure di diffrazione si formano attorno a qualunque oggetto illuminato sottile, come una monetina o una lametta da rasoio. Solo che per metterli in evidenza bisogna disporre di sorgenti di luce cosiddette puntiformi. La maggior parte delle sorgenti disponibili nella realtà quotidiana non sono puntiformi e così la luce proveniente dalle diverse parti della sorgente fa scomparire le figure di diffrazione.

Nel secolo scorso si arrivò a studiare figure di diffrazione generate dai raggi X i quali hanno una lunghezza d'onda molto più piccola della luce, attorno alle decine di decimiliardesimi di metro. Difficile trovare dischetti, sferette o aperture di queste dimensioni, per poi inserirle nel cammino dei raggi.

La scienza dei materiali

Le distanze fra gli atomi di un cristallo hanno però proprio quelle dimensioni e su questo si basò Max von Laue (1879-1960) nel 1912, quando indirizzò fasci di raggi X proprio sui cristalli. Il suo sforzo fu riconosciuto e nel 1914 conseguì il Premio Nobel per la fisica proprio per la deflessione dei raggi X nei cristalli. Max von Laue aveva così dato inizio a un nuovo ramo della fisica sperimentale, la cristallografia a raggi X e studiando la deflessione dei raggi X fu possibile ricostruire come sono «impacchettati» gli atomi all'interno di un cristallo.

Oggi hanno estrema importanza tecnologica nella scienza dei materiali metodi ancora più spinti di quello ideato da Max von Laue, come l'analisi della diffrazione delle polveri, che si rende necessaria quando non si hanno a disposizione cristalli sufficientemente grandi; il che accade spesso.

Allora si esaminano con raggi X monocromatici delle polveri di cristalli finemente triturate e anche questo è un settore attualmente molto sviluppato nelle ricerche in scienza dei materiali, in quanto consente, per così dire, di «fotografarne» la struttura atomica.

PERCHÉ LA CAVALLETTA È PIÙ FORTE DI UN UOMO E LA FOGLIA HA UN RAPPORTO CON IL TRONCO

Le proprietà biologiche, le caratteristiche e le possibilità di un organismo vivente dipendono dalle sue misure, come l'altezza e il volume. In particolare molte proprietà dipendono dal rapporto fra la superficie esterna di un organismo e appunto il suo volume. Tale rapporto viene espresso tramite la cosiddetta lunghezza caratteristica di un corpo. Per un uomo, questa sarà la sua altezza, mentre per un cane sarà la sua lunghezza, come pure per una formica lunga mezzo centimetro.

Inoltre se un corpo ha densità uniforme, allora la sua massa sarà proporzionale al cubo della sua lunghezza caratteristica. Ora un adulto, con massa di circa 80 chilogrammi, può sollevare un oggetto di massa più o meno uguale alla sua. Invece una cavalletta della massa di un grammo può sollevare un peso di massa superiore anche 15 volte alla sua. Quindi in un certo senso, una cavalletta è più forte di un uomo.

La forza nei muscoli

L'origine della forza sta nei muscoli, che sono formati da fasci di fibre. Risulta che fibre del genere sono impacchettate con la stessa densità nei muscoli dei diversi organismi. In via approssimativa, la forza di un muscolo è proporzionale al numero delle fibre che lo compongono, e cioè grosso modo all'area della sezione del muscolo.

Sempre in termini approssimativi, l'area muscolare

di un organismo è proporzionale al quadrato della sua lunghezza caratteristica.

In definitiva la forza risulta dunque dipendere dal quadrato (ovvero dalla seconda potenza) della lunghezza caratteristica.

Per paragonare fra loro le forze di due organismi con dimensioni diverse, viene impiegata la nozione di forza per unità di massa che battezzata «forza specifica» viene sempre espressa in termini di «lunghezza caratteristica».

La statura di un individuo normale è più vicina ai 2 metri che al metro. Attribuiamo allora approssimativamente all'uomo una lunghezza caratteristica di circa 2 metri. Si ricava allora con semplici calcoli che il rapporto fra la forza specifica della cavalletta e quella dell'uomo è di circa 100.

Come detto prima, un uomo può sollevare un oggetto della sua stessa massa, mentre una cavalletta arriva a sollevare una massa 15 volte la sua.

La cavalletta è quindi ben lontana dal limite teorico della sua «forza specifica», calcolato con le approssimazioni di cui sopra, cioè sulla base della sua lunghezza caratteristica che è di 2 centimetri. La conclusione è che evidentemente un uomo è capace di impiegare la sua potenza muscolare con una efficienza ben superiore a quella della cavalletta.

Il rapporto superficie/volume gioca un ruolo anche nelle cadute da grandi altezze. Un uomo che precipiti dal terzo piano di un edificio sicuramente si ferirebbe in modo molto serio. Una mosca invece o un qualunque insetto se la caverebbe benissimo. Anche un topo potrebbe uscire senza gravi danni da un caduta che sfracellerebbe il corpo di un uomo.

Un ruolo favorevole

Gli animali piccoli hanno un rapporto superficie/volume che in questo caso gioca un ruolo a essi favorevole.

Nella caduta di un corpo sono infatti all'opera da un lato la forza di gravità, che dipende dalla massa (o dal volume). Dall'altro lato a ritardare l'azione della gravità interviene l'attrito dell'aria, che dipende dalla sezione del corpo e dalla sua velocità. Un oggetto che cade in aria non subisce quindi una continua accelerazione. A un certo punto inizia a muoversi con velocità costante, quando la forza ritardatrice dell'attrito dell'aria diventa uguale alla spinta verso il basso impressa dalla gravità.

Cadendo nell'aria un corpo perviene dunque a una specie di velocità terminale. Tanto maggiore è la superficie libera, sulla quale agisce l'attrito dell'aria, tanto minore sarà questa velocità finale e tanto meno rovinoso sarà l'urto con il terreno.

Se un uomo cade con le braccia e le gambe allargate, come fanno gli esperti di *sky diving*, la velocità terminale è di circa 65 metri al secondo, equivalenti a circa 235 chilometri all'ora.

Se invece un uomo cade raggomitolato, la velocità terminale aumenta a 105 metri al secondo, equivalenti a circa 380 chilometri all'ora.

Per un insetto piccolissimo, la massima velocità terminale che può raggiungere è di pochi metri al secondo. Difficile quindi che si faccia male cadendo da una altezza che risulterebbe invece fatale per un uomo.

Come sostiene Robert E. Rickles (nel libro *L'economia della natura*), in ecologia e nell'economia della natura le dimensioni influiscono su tutto. Gli organismi di grandi dimensioni si mettono in relazione con l'ambiente in modo diverso rispetto agli organismi di piccole dimensioni.

Lo studio delle relazioni fra ambiente, organismi e loro dimensioni prende il nome di allometria, e rappresenta una sorta di fisica applicata alla biologia.

In base a considerazioni di tipo «allometrico», si può ricavare una relazione fra la frequenza del battito del cuore e la massa corporea di alcuni mammiferi mentre si notano grandissime variazioni passando dal topo al coniglio, al cavallo e all'elefante. Le specie più grandi hanno una frequenza cardiaca più bassa per motivi legati alla meccanica dei fluidi che circolano in sistemi chiusi. Se il cuore di un elefante battesse con lo stesso ritmo, cioè con la stessa frequenza con la quale pulsa il cuore di un topolino verrebbe generata una pressione enorme contro le pareti delle arterie e queste scoppierebbero. L'elefante dovrebbe perciò avere delle arterie di acciaio per poter resistere all'urto di una così grande quantità di sangue in circolazione.

Dafnia, le foglie e l'ossigeno

Inoltre, come ricordato, gli organismi più grandi hanno una superficie esterna relativamente più piccola rispetto al corpo. Un sfera del diametro di un millimetro ha dimensioni confrontabili con quelle di una piccola dafnia (pianta acquatica priva di tronco e con diversi stami piccolissimi). Questa ha peraltro a disposizione una superficie libera per unità di volume paragonabile a quella di un orso. La relativamente grande superficie libera disponibile a contatto con l'esterno per gli organismi più piccoli presenta vantaggi e svantaggi. Fra i vantaggi c'è la captazione dell'ossigeno. Fra gli svantaggi, invece, emerge la maggiore facilità di dispersione del calore corporeo verso l'ambiente.

I meccanismi degli scambi di calore fra un organismo e l'ambiente esterno funzionano infatti anche per le piante. Vi è infatti una relazione quantitativa fra l'area media di una foglia e il diametro del fusto del suo albero. L'area della sezione trasversale del fusto dipende dal quadrato del suo diametro, preso come «lunghezza caratteristica». E l'area di una foglia risulta direttamente proporzionale all'area della sezione trasversale del fusto. Ciò dipende forse dal fatto che l'area della foglia è in relazione con la traspirazione, mentre il diametro del fusto è in relazione con il trasporto dell'acqua.

L'EFFETTO DOPPLER
L'ARMA DELLA POLIZIA CONTRO LA VELOCITÀ

Tutti hanno notato che l'altezza del suono emesso dalla sirena di un'autoambulanza varia a seconda che si avvicini o si allontani. Nel primo caso il suono diventa più acuto, mentre nel secondo diventa più grave.

Quando la sorgente si avvicina, la frequenza apparente diventa alta. All'opposto, quando la sorgente si allontana, la frequenza apparente diminuisce. Questo fenomeno, e cioè la dipendenza della frequenza di un'onda sonora dal moto relativo di sorgente e osservatore (o uditore) è stato studiato dal fisico austriaco Christian Doppler (1803-1853). Il cosiddetto principio di Doppler è stato verificato sperimentalmente nel 1843 da Christoph Buys Ballot (1817-1890), il quale fece uso di un treno per trasportare dei trombettieri a velocità diverse, facendoli passare accanto ad altri musicisti fermi, che eseguivano un suono di altezza precisa.

L'esperimento di Buys Ballot potrebbe essere ripetuto anche oggi sistemando una banda musicale su di un veicolo in moto, a una velocità ad esempio di circa 70 chilometri all'ora. Nel caso in cui la banda suonasse la nota intermedia DO (corrispondente alla frequenza di 262 Hertz), questa nota verrebbe udita dagli spettatori fuori dal veicolo come un DO diesis (corrispondente alla frequenza di 277 Hertz).

In un esperimento più domestico, ma richiedente spiccate attitudini atletiche, si possono piazzare i diffusori di un sistema stereo lontani l'uno dall'altro per poi correre in direzione dell'uno, invertire la corsa, e dirigersi verso l'altro. Cioè, correndo, uno si allontana da un diffusore e si avvicina all'altro. Se uno è abbastanza svelto e dotato di ottima sensibilità per distinguere i toni, potrebbe notare che la musica riprodotta sembra essere stonata, quando si trova fra i due diffusori.

La spiegazione del fatto è che si verifica uno spostamento Doppler verso il basso per il suono proveniente dal diffusore dal quale il nostro atleta si allontana. Si verifica invece uno spostamento verso l'alto per il suono proveniente dal diffusore verso cui il nostro atleta corre.

In definitiva, il suono proveniente dai due diffusori non risulterà intonato.

Nel caso in cui la sorgente delle onde sonore si muove verso l'ascoltatore con una certa velocità, allora le onde si «ammucchiano» nella direzione dell'ascoltatore che, di conseguenza, percepisce una frequenza più alta di quella che percepirebbe se la sorgente fosse ferma.

Nel caso invece in cui la sorgente sonora si allontani dall'uditore, allora questi percepirebbe una frequenza inferiore rispetto a quella che percepirebbe se la sorgente restasse in quiete.

Una variazione di frequenza si verifica anche nel caso in cui a muoversi sia l'uditore invece della sorgente. Le due situazioni (sorgente in moto oppure uditore in moto), non sono peraltro perfettamente simmetriche dato che bisogna tenere conto della presenza del mezzo, cioè dell'aria, in seno alla quale vengono trasmesse le onde elastiche di compressione e di rarefazione nelle quali consiste il suono. Anche se le velocità relative tra sorgente e osservatore fossero uguali, le frequenze percepite dall'uditore non sarebbero le stesse. Infatti oltre al moto relativo fra questi due, bisogna tenere conto anche del moto rispetto all'aria, che rimane sempre ferma.

L'uditore in moto si muove rispetto sia alla sorgente che all'aria. Lo stesso vale per la sorgente in moto, che si muove sia rispetto all'uditore sia rispetto all'aria.

Quando ad esempio soffia il vento, allora può cambiare lo spostamento Doppler, perché cambiano le velocità relative dell'osservatore e della sorgente rispetto all'aria. Nel caso però in cui la sorgente e l'osservatore siano entrambi fermi l'uno rispetto all'altro, non si verifica spostamento Doppler quando soffia il vento.

Anche l'eco subisce uno spostamento Doppler. Supponiamo che un automobilista stia guidando verso una parete a picco e suoni il clacson. Noterà uno spostamento Doppler quando riceverà l'eco di ritorno. In questo caso, siamo in presenza di un doppio movimento. In primo luogo, il suono che parte dal clacson nella direzione dell'avanzamento aumenta in frequenza, in quanto proviene da una sorgente (cioè dall'automobile), che è in moto.

Quando poi il suono si riflette indietro, vi sarà un secondo spostamento Doppler verso una frequenza ancora più alta, in quanto l'osservatore o uditore alla guida dell'automobile, è sempre in movimento.

L'effetto Doppler si verifica in tutti i generi di perturbazioni ondose, dalle onde sonore alle onde che vengono prodotte sulla superficie dell'acqua da un'asta vibrante spostata nell'acqua stessa.

Doppler cercò di applicare il suo principio anche alle onde luminose, ottenendo solo risultati limitati. Nel caso delle onde elettromagnetiche infatti le cose diventano più complicate. Infatti viene a mancare il sistema di riferimento privilegiato, che nel caso delle onde sonore, quelle cioè di carattere acustico-meccanico, è rappresentato dall'aria, cioè dal mezzo i cui si propagano le onde.

Dopo Albert Einstein (1879-1955) sappiamo infatti che non esiste l'etere, cioè il mezzo materiale in cui si propagano le onde elettromagnetiche, e che resterebbe immobile come l'aria.

Nel caso delle onde luminose, eliminato il terzo incomodo rappresentato dall'etere con funzione di aria, l'effetto Doppler viene a dipendere solo dai moti relativi fra sorgente di luce e osservatore.

Già nel 1848 Armand Fizeau (1819-1896) suggerì

che in presenza di alte velocità relative, il colore apparente di una sorgente luminosa, legato alla lunghezza d'onda della radiazione emessa, dovrebbe cambiare in seguito al movimento. Un oggetto in moto in direzione dell'osservatore dovrebbe apparire più bluastro, mentre un oggetto che si allontani dovrebbe al contrario sembrare più rossastro.

Oggi in effetti il cosiddetto Doppler-*shift* viene utilizzato per misurare la velocità di avvicinamento e di allontanamento di una stella dalla Terra. Se la stella si avvicina, la frequenza della luce emessa si sposta verso il violetto. Se invece lo spostamento avviene verso il rosso, ciò significa che la stella si allontana.

Con il Doppler-*shift* si calcola anche la velocità di rotazione del Sole, come pure la velocità degli automobilisti indisciplinati. Infatti un corpo che riflette un'onda si comporta come se esso stesso fosse la sorgente dell'onda. Se il corpo riflettente è in movimento, l'onda riflessa subisce l'effetto Doppler e acquista quindi una frequenza diversa da quella dell'onda incidente. Su questo si basa il funzionamento dei rivelatori di velocità utilizzati dalla polizia stradale. Il cosiddetto radar a effetto Doppler emette microonde e misura lo spostamento della frequenza dell'onda riflessa da un veicolo in movimento. Dalla variazione della frequenza si risale poi alla velocità.

ELETTRICITÀ, MAGNETISMO
E IL DISTRATTO PROFESSOR OERSTED

Nei primi decenni dell'Ottocento la visione dominante, imposta da personaggi del calibro dei francesi Pierre-Simon Laplace e Siméon Denis Poisson, era che elettricità e magnetismo fossero due fenomeni completamente indipendenti fra di loro e privi di una qualunque connessione reciproca. I fenomeni noti riguardavano situazioni di cariche e magneti statici, cioè fermi. Un corpo elettrizzato statico in effetti non esercita nessuna influenza su di un magnete. Cariche e magneti, anche se posti vicinissimi gli uni agli altri, «rimarrebbero in riposo per l'eternità, ove non intervenissero forze esterne perturbatrici», come hanno scritto Albert Einstein e Leopold Infeld (1898-1968) nel loro libro *L'evoluzione della fisica* (1965).

Non tutti però accettavano tranquillamente questa visione delle cose.

James Maxwell (1831-1879) sottolineò come fosse stato notato «da molti osservatori diversi che in alcuni casi il magnetismo viene prodotto o distrutto negli aghi (magnetici) da scariche elettriche che fossero passate attraverso di essi o vicino ad essi e congetture di vario tipo sono state fatte sulla relazione fra elettricità e magnetismo ma le leggi di questi fenomeni e la forma di queste relazioni è rimasta del tutto sconosciuta» (Maxwell, *Treatise on electricity and magnetism*).

Fra i contestatori dell'ortodossia dominante non poteva mancare Dominique-François Arago, il quale dopo varie avventure vissute in epoca napoleonica, divenne il segretario permanente della prestigiosa Ecole

Polytechnique di Parigi. Arago fu il personaggio che fornì un aiuto decisivo al giovane Augustin Fresnel (→ Diffrazione della luce), quando la sua teoria ondulatoria della luce venne attaccata dal potente Poisson, il quale era invece un convinto sostenitore del «corpuscolarismo» newtoniano.

Mentre si trovava in Spagna, Arago andò a ispezionare una nave reduce da una spaventosa tempesta. Mentre gli altri ufficiali si preoccupavano di verificare le condizioni delle varie parti dello scafo per vedere se fosse possibile riparare ai guasti ed eventualmente rimettere in mare la nave, Arago si precipitò al timone e controllò lo stato della bussola. E trovò che l'ago non puntava più verso il Nord ma si dirigeva a caso. Quella nave era stata colpita almeno da un fulmine nel corso della tempesta e Arago sapeva benissimo che un fulmine è una scarica elettrica, come avevano stabilito le esperienze di Benjamin Franklin (1706-1790).

Evidentemente la scarica del fulmine aveva agito sul magnete dell'ago della bussola, demagnetizzandolo, come diremmo oggi.

Arago intuì che doveva trattarsi di un fenomeno nel quale si era manifestata una influenza reciproca fra elettricità e magnetismo, e cioè proprio quella connessione che i potenti personaggi dell'Ecole Polytechnique escludevano a priori.

Al suo ritorno stilò un rapporto ma non riuscì a elaborare una spiegazione per dare un fondamento alla sua ipotesi.

Su questo fronte le cose incominciarono a muoversi, come scrive sempre Maxwell, nel 1820, quando «Hans Christian Oersted in una lezione privata tenuta davanti a pochi studenti di un corso avanzato, a Copenhagen, osservò che un filo che connetteva i poli di una batteria voltaica esercitava una influenza su di un magnete posto nelle vicinanze».

Neppure Hans Christian Oersted (1777-1851) sarebbe riuscito a dare (e a darsi) una spiegazione chiara di ciò che aveva osservato o meglio credette di averlo fatto. Comunque la pila voltaica di cui disponeva forniva una corrente debolissima e pare che il professore non si fosse accorto del fatto che il magnete si muovesse, quando il filo veniva percorso da corrente. Pare sia stato uno dei pochi studenti che assisteva alla sua dotta lezione a segnalargli il fatto strano, cioè la piccola deviazione che «il magnete posto vicino subiva nel tentativo di disporsi perpendicolarmente al filo».

La mente del professore era in effetti protesa a un grande progetto, una sorta di teoria unitaria di tutti i fenomeni naturali, la ricerca della matrice supposta unica di tutte le manifestazioni della natura, la radice ultima dei fenomeni luminosi e dei colori, dell'elettricità e del magnetismo.

Come precisa Maxwell, il suo interesse all'epoca era quello di individuare gli effetti di un filo riscaldato in seguito al passaggio di corrente elettrica. Investigava cioè sulle relazioni fra fenomeni termici e fenomeni elettrici, secondo appunto il suo grande progetto «unitario». Si accorse però che era la corrente stessa, e non il calore del filo, a causare l'azione osservata, e cioè la deviazione dell'ago magnetico.

Come accennato, Oersted non riuscì a spiegarsi la cosa se non in termini del tutto generici e vaghi, tratti per lo più dal gergo di una nebulosa filosofia della natura, ispirata dai filosofi idealisti tedeschi. Parlò infatti di un «conflitto» elettrico fra il filo e l'ago della bussola, ma si accorse che quel «conflitto» agiva in modo «avvolgente».

La forza della natura che entrava in gioco in quella circostanza appariva infatti diversa da quelle fino ad allora note, per un fatto importante. La forza di attrazione gravitazionale infatti agisce lungo la linea retta che congiunge le due masse che si attraggono a vicenda. Anche le forze elettrostatiche si esercitano lungo la stessa linea retta che congiunge due cariche, che si attraggono oppure si respingono, a seconda che siano di segno opposto o uguale.

Il «conflitto» elettrico di Oersted invece non si presentava né come una forza di repulsione né come una forza di attrazione. Inoltre agiva in direzione perpendicolare alla linea congiungente l'ago magnetico e il filo percorso da corrente. Per questo motivo si parlava appunto di una forza di tipo «avvolgente» o rivolvente. Oersted immaginò addirittura che fossero all'opera vortici di fluidi strani.

A conferma del fatto che la scienza ufficiale francese non credeva più a fantastici vortici di cartesiana memoria, André-Marie Ampère (1775-1836), autorevole membro dell'Accademia delle Scienze di Parigi, si incuriosì molto quando la notizia della scoperta fatta del tutto casualmente da Oersted arrivò a Parigi. La maggior parte dei suoi colleghi l'aveva però accolta con grande scetticismo.

Ampère si impegnò a fondo e in due settimane confermò i risultati già ottenuti da Oersted. Inoltre scoprì anche che una bobina di filo conduttore percorsa da una corrente elettrica si comporta come un magnete di ferro.

In poco tempo, con un febbrile lavoro, Ampère creò l'elettrodinamica, cioè una nuova teoria che descriveva il magnetismo come una forza fra correnti elettriche. Pochi anni dopo, nel 1826, Ampère riassunse l'opera sua e di altri in un profondo trattato matematico.

La scoperta di Oersted aveva trovato una spiegazione inappuntabile, che però poteva essere tradotta in termini più intuitivi con il linguaggio delle linee di forza di Michael Faraday (1791-1867), che tanto piaceva a Maxwell. Come scrisse il sommo fisico di Cambridge: «... nello spazio che circonda un filo percorso da corrente, un magnete è sottoposto a forze che dipendono dalla posizione del filo e dalla intensità della corrente. Lo spazio in cui agiscono queste forze può di conseguenza essere considerato un campo magnetico e possiamo studiarlo allo stesso modo in cui abbiamo studiato il campo nelle vicinanze di un magnete di tipo solito, tracciando il percorso delle linee di forza magnetiche...».

In definitiva, secondo la spiegazione classica, un filo che trasporta corrente genera attorno a sé un campo magnetico che può influenzare l'orientazione dell'ago di una bussola posta nelle vicinanze, come riuscì a notare casualmente anche il distratto professor Oersted.

L'ENERGIA NELLA CORSA E IL BALZO DELLA LEONESSA

Una palla da biliardo o un disco da hockey si muovono facilmente a velocità costante su di una superficie liscia, come il tavolo di un biliardo o un lastrone di ghiaccio. L'unica energia che viene spesa in questa operazione è quella necessaria per superare gli attriti e la resistenza dell'aria.

Se invece di una biglia si considera un uomo in corsa, si vede che il correre a velocità costante richiede una notevole quantità di energia, anche se gli attriti e la resistenza dell'aria per un centometrista non sono granché. Nel correre, l'energia viene spesa nel moto di su e giù del corpo e nell'urto dei piedi contro il terreno. Inoltre vi è anche da tenere conto dell'energia che il corpo dell'atleta converte in calore.

Le velocità degli animali

Le gambe racchiudono circa il 30% della massa del corpo umano, come risulta da una raccolta di dati bioastronautici della NASA. Accelerarle e decelerarle in continuazione richiede un grande dispendio di energia. I muscoli delle gambe devono dunque fare molto lavoro per spingere il resto del corpo in avanti con velocità costante.

Semplici calcoli basati sulle «lunghezze caratteristiche» dicono che un corridore (umano o no) riesce a mantenere una velocità costante in corsa, che non risulta dipendere dalle sue dimensioni. Animali che hanno configurazioni simili, ma dimensioni diverse, riescono a correre con la stessa velocità. Le gazzelle vanno a 28 metri al secondo, gli struzzi a 23, le volpi a 20, i cavalli a 19, coniglio e lupo a 18 (cioè a uguale velocità) e i cani da corsa vanno a 16 metri al secondo. L'uomo al massimo va a 11 metri al secondo.

Le differenze fra le varie velocità non sono così drammatiche. Solo l'uomo risulta un po' distanziato e la sua efficienza nella corsa è molto inferiore a quella degli (altri) animali.

La ragione sta nel fatto che i muscoli dedicati alla propulsione si trovano nelle gambe in movimento, quindi i muscoli stessi vanno ad aumentare la massa che deve essere accelerata e decelerata.

Gli animali più veloci sono quelli che hanno zampe sottili e slanciate, mentre la massa muscolare è concentrata all'interno o nella parte centrale del corpo e non alle estremità.

Il fatto che la velocità degli animali non dipenda molto dalle loro dimensioni si riflette nell'equilibrio fra predatori e prede. Il lupo e il coniglio hanno la stessa velocità, come più o meno alla stessa velocità corrono il leopardo e la gazzella. Se così non fosse, sarebbe un disastro per le prede piccole e per gli equilibri naturali.

Grande accelerazione

Alcuni grossi felini hanno zampe con muscoli larghi e massicci, come invece i leopardi non hanno. I leopardi sono infatti configurati in modo da essere più adatti alla corsa. Mentre invece le leonesse, che hanno muscoli delle gambe appunto più massicci, sono più adatte a compiere il balzo finale sulla preda. Insomma compensano la minore velocità con una maggiore capacità di accelerazione.

Sono le leonesse quelle che si incaricano della caccia

(i leoni per lo più dormono), e lo fanno senza rincorrere la preda come usano i leopardi. Le leonesse si avvicinano alla preda di soppiatto per poi sfruttare appunto i muscoli massicci delle zampe per balzarle sopra. Se la preda si accorge dell'avvicinarsi furtivo del nemico e scappa, in genere le leonesse lasciano perdere e non la rincorrono, appunto perché il loro forte non è la velocità ma lo scatto e l'accelerazione.

LA FORZA, IL SASSO CHE CADE E L'AUTO CHE PARTE PER LA TANGENTE

L'idea intuitiva della forza nasce dall'esperienza quotidiana. Ci vuole della forza per sollevare e trasportare un peso e alle volte anche per spingere un carrello al supermercato. Nessun oggetto si muove se non viene esercitata una forza, fosse anche per spostare un libro su di un tavolo.

Secondo gli schemi elaborati dalla cultura aristotelica e pregalileiana, una forza applicata a un corpo ne determina la velocità. Quanto più fortemente tiriamo o spingiamo un carrello, maggiore è la velocità che riusciamo a imprimere.

Oltre a questo, per smuovere gli oggetti dal loro stato naturale di quiete, bisogna anche esercitare una forza in modo continuo, ovvero senza mollare la presa. Infatti, cessando l'applicazione della forza, cessa anche il movimento. Se viene meno la causa, scompare anche l'effetto, ovvero quando si ferma il cavallo, si ferma anche il carretto. In termini più consoni alla civiltà industriale, se spengo il motore, la macchina si blocca.

La cultura aristotelica e pregalileiana ha quindi semplicemente razionalizzato o messo in forma sistematica le esperienze più immediate della vita comune, associando la forza con la velocità. Come ha scritto lo storico della scienza Paolo Rossi, «la filosofia naturale aristotelica è sempre stata legata ad una concezione antropomorfica del mondo, che assume le sensazioni e i comportamenti e le percezioni dell'uomo nella loro immediatezza come criteri per la realtà».

Alle radici dei pensieri aristotelici stavano «motivazioni profonde, radicate nella nostra fisiologia e nella nostra psicologia».

Già Galileo aveva messo in atto un vigoroso processo di revisione delle idee aristoteliche in direzione di una maggiore astrazione. Scrive infatti ancora Rossi: «la scienza moderna non è nata sul terreno della generalizzazione di osservazioni empiriche, ma su quello di un'analisi capace di astrazioni, capace cioè di abbandonare il piano del senso comune, delle qualità sensibili, dell'esperienza immediata».

Il primo passo verso una maggiore astrazione venne appunto compiuto da Galileo con l'introduzione del principio di inerzia, grazie al quale l'umano pensiero incominciò a liberarsi dai lacci e lacciuoli della sistematica aristotelica e a librarsi verso una concezione adeguatamente astratta della forza.

Il primo passo fu quello di considerare altrettanto naturale per un corpo sia lo stato di quiete sia lo stato di moto rettilineo uniforme.

Sul passaggio alla nozione moderna di forza, ha scritto in modo particolarmente chiaro il fisico-matematico svizzero L. Eulero, il quale fu per lungo tempo la maggiore stella dell'Accademia delle Scienze di San Pietroburgo, dove venne invitato da Caterina II. Nelle sue *Lettere ad una principessa tedesca su diversi argomenti di fisica e filosofia* (che risalgono al 1770 e sono state pubblicate in italiano a cura di Gianfranco Cantelli, 1958), Eulero scrive: «come di un corpo fino a quando è in quiete, si dice che rimane nello stesso stato, così di un corpo in movimento, fino a quando si muove con la stessa velocità, e secondo la stessa direzione, si dice che rimane nello stesso stato».

E aggiunge: «tutti i corpi hanno la proprietà di rimanere nello stesso stato, a meno che non siano turbati da qualche causa esterna... Questa qualità di cui tutti i corpi sono dotati e che è loro essenziale si chiama inerzia... Questa parola "inerzia" fu introdotta per la prima volta in filosofia da coloro che sostenevano che ogni corpo aveva tendenza per la quiete. Essi consideravano i corpi come degli uomini pigri che preferiscono il riposo al lavoro, e attribuivano ai corpi un orrore per il movimento, simile a quello che gli uomini pigri hanno per il lavoro. La parola inerzia significava pressappoco la stessa cosa della parola pigrizia. Ma quantunque si sia riconosciuta la falsità di questa opinione, e quantunque i corpi si mantengano ugualmente nel loro stato di movimento come in quello di quiete, si è conservato la stessa parola inerzia per indicare in generale la proprietà che hanno tutti i corpi di conservarsi nello stesso stato, sia di quiete che di movimento».

Vincere la «ripugnanza»

In definitiva l'inerzia di un corpo è dovuta alla sua «ripugnanza» per tutto ciò che tenderebbe a fare cambiare il suo stato. Per vincere questa «ripugnanza» naturale è necessario l'intervento di una causa esterna: «affinché un corpo cambi di stato, è necessario che ne sia costretto da qualche causa esterna, senza la quale conserverebbe sempre lo stesso stato. A questa causa esterna si dà quindi il nome di forza: è una parola di cui ci si serve comunemente, quantunque molti di coloro che l'adoperano ne abbiano solo una idea molto imperfetta».

In veste di pedagogo di Sua Altezza Sophie Friederike Charlotte Leopoldine, futura principessa di Anhalt-Dessau, Eulero precisa ulteriormente la nozione moderna di forza: «con la parola forza si intende tutto ciò che è capace di cambiare lo stato dei corpi. Così quando un corpo che era in quiete è messo in movimento, è una forza ad aver prodotto questo effetto, e quando un corpo in movimento cambia direzione o velocità, è sempre una forza a causare tale cambiamento. Ogni cambiamento di direzione o di velocità nel movimento di un corpo richiede sempre un aumento o una diminuzione di forze».

Viene quindi superata la concezione aristotelica della forza come proporzionale alla velocità, come del resto sembrano suggerirci anche le esperienze più comuni. La forza risulta invece connessa alla variazione della velocità, cioè alla accelerazione. Ovvero $F=ma$, come sta scritto in tutti i libri di testo dove F è la forza, m la massa e a l'accelerazione.

Con tale formula, famosa quanto la $E=mc^2$ di Einstein, viene espresso il secondo principio della dinamica, giustamente attribuito a Newton. Nei brani citati il grande pedagogo Eulero mostra chiaramente come la nozione della forza in termini moderni venne elaborata da Newton sulla base del principio di inerzia, dovuto a Galileo. Nel fondamentale trattato del fisico inglese, i *Principia* del 1687, non si trova però quella formula, cioè $F=ma$, in quanto Newton faceva uso di un formalismo matematico antiquato.

Nella reggia di San Pietroburgo

Quella formula si trova invece per la prima volta proprio in un libro di Eulero pubblicato a San Pietroburgo nei primi decenni del Settecento. Un trattato di ingegneria navale dedicato ai problemi della stabilità dei vascelli. Nella sua nuova patria, infatti, lo svizzero (e terragno) Eulero era diventato anche ufficiale della Marina dello zar.

Si occupò di conseguenza anche di applicazioni pratiche della nuova scienza, e fu proprio nel settore che oggi diremmo applicativo che Eulero dimostrò l'utilità dei concetti astratti della nuova scienza.

Quando la forza che impone un cambiamento, cioè imprime una accelerazione, è la forza di gravità, sulla base dello schema elaborato da Newton si ritrovano tutte le leggi sul moto dei gravi e dei proiettili ricavate con grande sforzo di intuizione da Galileo. Una pietra abbandonata dalla mano cade in basso perché soggetta a una forza esterna costante, come appunto la gravità, che fa variare la sua velocità in maniera costante. Come si usa dire, un grave che cade si muove di moto uniformemente accelerato.

Lo stesso avviene quando si scaglia una pietra. Si vede chiaramente che la pietra non si muove affatto secondo una linea retta e che la sua velocità non rimane sempre la stessa. Anche in tale caso è la forza esterna della gravità a far cambiare continuamente di direzione e di velocità il corpo.

La traiettoria della pietra (o del proiettile) diventa una parabola. Senza la gravità, la pietra si muoverebbe secondo una linea retta sempre con la stessa velocità. Se durante il suo movimento, la gravità venisse improvvisamente meno, la pietra continuerebbe a muoversi uniformemente secondo una linea retta, conservando la direzione e la velocità avuta nel momento in cui la gravità avesse cessato di agire.

Partirebbe cioè per la tangente, come una automobile che affronta una curva con velocità eccessiva, e le forze di attrito fra gli pneumatici e il pavimento stradale non riescono più a tenerla in carreggiata.

FULMINI GLOBULARI
IL MISTERO ARRIVA DAL MEDIOEVO

I fulmini globulari non fanno parte della vita di tutti i giorni, ma sono stati osservati sin dal Medioevo da testimoni attendibili e sono ritenuti un fenomeno naturale associato ai temporali. Con l'aumento della popolazione aerea, ovvero dei passeggeri in volo, gli esperti calcolano che ormai siano stati visti dall'1% della popolazione, cioè da molti. Nella sostanza, però, rimangono un enigma per la scienza atmosferica. Del resto nessuno è ancora riuscito a riprodurli in laboratorio, il che sarebbe in effetti l'unica via per studiarli da vicino e riuscire infine a capirli.

Secondo il parere degli esperti, un fulmine globulare medio ha un diametro compreso fra quello di una palla da golf e di un pallone da spiaggia. Dura in media una quindicina di secondi, variando anche fra 2 e 50 secondi. Dopo di che scompare improvvisamente in silenzio oppure con uno scoppietto.

Può avere qualunque colore ma normalmente va dal bianco al giallastro. È tutto sommato meno luminoso di una lampadina da 100 watt comunemente usata nelle nostre case. Di solito fa le sue apparizioni durante temporali forti. Il suo singolare modo di spostarsi non è influenzato da venti o correnti di aria. Secondo le descrizioni più accreditate, galleggia nell'aria non lontano da terra, e spesso rimbalza a contatto con il suolo. Secondo parecchi esperti, i fulmini globulari, proprio per il loro modo di muoversi nell'atmosfera, sarebbero i veri responsabili delle apparizioni e delle successive evoluzioni di molti cosiddetti Ufo.

Una sorgente di energia

Un fulmine globulare è una considerevole sorgente di energia, essendo un piccolo campione di plasma, cioè di gas ionizzato, in cui gli elettroni non sono legati ai nuclei così da formare atomi neutri, come avviene negli altri stati della materia.

Per spiegare la loro origine si sono impegnate menti di prima grandezza. Fra queste il Premio Nobel Pëtr L. Kapitza, che sull'argomento pubblicò nel 1955 un rapporto nei resoconti dell'Accademia delle Scienze dell'URSS. Kapitza sperava che si evidenziassero analogie fra il bizzarro comportamento dei fulmini globulari e le nubi provocate dalle esplosioni nucleari. All'epoca si facevano esplosioni anche nell'atmosfera e si generavano, fra l'altro, masse di gas completamente ionizzato. I terrificanti fenomeni atmosferici seguenti alle esplosioni nucleari si rivelarono però qualcosa di molto lontano dai, tutto sommato innocui, fulmini globulari.

Kapitza aveva escluso che all'interno degli stessi vi fosse una sorgente di energia. In cerca di una soluzione alternativa, pensò allora a un rifornimento di energia dall'esterno, sotto forma di onde radio corte. Assorbite per risonanza, queste finivano appunto per alimentare le nuvolette vaganti. Restava però il problema di spiegare l'insorgere di onde elettromagnetiche del tipo richiesto da Kapitza per generare i fulmini globulari. Nel tentativo di spiegazione proposto dal prestigioso fisico e ingegnere russo, il problema veniva dunque semplicemente spostato. Il fulmine globulare, noto nella letteratura dotta come *Kugelblitz* o *ball lightning*, conservava il suo mistero.

La causa nel terreno

Recentemente due fisici della Nuova Zelanda sono ritornati alla carica con una nuova proposta di spiegazione, presentata sulla rivista britannica «Nature». In sostanza, hanno ipotizzato che la causa del fenomeno sia da ricondurre a normali fulmini o scariche elettriche, che colpiscono particolari tipi di terreno, dotati di un mix «giusto» di silice e di carbonio. Il sofisticato modello proposto spiegherebbe molte delle strane proprietà dei fulmini globulari, così come sono state riferite e descritte da numerosissimi osservatori o sorpresi testimoni dell'evento.

Purtroppo il suggestivo modello dei fisici neozelandesi non ha trovato un corrispettivo nella realtà. Ripetuti esperimenti condotti in laboratorio, con scariche provocate su terreni appositi, non hanno portato alla formazione di alcun fulmine globulare. Continua dunque la ricerca sulla natura di questo strano fenomeno atmosferico, che suscita interrogativi fin dai tempi delle fate e dei folletti.

TUONI E FULMINI: UN FUOCO DAL CIELO RESE CELEBRE FRANKLIN

Il fulmine è una grandiosa scarica elettrica nell'aria atmosferica che si verifica fra nubi cariche elettricamente oppure fra le nubi cariche e la superficie terrestre. La lunghezza del canale attraverso il quale il fulmine si apre la strada può raggiungere parecchi chilometri. La corrente al suo interno è di centinaia di migliaia di ampère e la temperatura del gas nel tunnel infuocato può essere di molte migliaia di gradi, come è altissima anche la pressione.

Perché si verifichi la scarica, è necessaria tuttavia una differenza di potenziale fra la nube e la terra fino a un miliardo di volt, e una intensità di campo elettrico fino al milione di volt per metro.

Se il fulmine trova sul suo cammino un albero o un edificio, l'altissima pressione provoca un danno, mentre l'elevatissima temperatura causa un incendio. Il primo fuoco osservato dagli uomini primitivi fu probabilmente l'incendio di un albero causato da un fulmine. Il mito di Prometeo ci narra poi di un eroe che riuscì appunto a strappare al cielo il segreto del fuoco.

Geniale inventore

Ci si ripara dal fulmine con il parafulmine di Benjamin Franklin. Il geniale inventore americano occupa un posto molto importante nella storia del suo Paese, in quanto protagonista della rivoluzione americana, che portò all'indipendenza degli Stati Uniti. Franklin ebbe una schiera di ammiratori anche in Europa e fra questi l'italiano Francesco Algarotti, autore di un classico libro di divulgazione scientifica della sua epoca. Anche l'austero filosofo di Koenigsberg, Immanuel Kant, non risparmiò le lodi al genio yankee di Franklin giungendo a definirlo «un Prometeo moderno».

Si racconta anche di un caso famoso, verificatosi in Francia, a Saint-Homère, quando il signore di Vissery installò un parafulmine sulla sua magione. I suoi vicini insorsero sconvolti e lo trascinarono in tribunale. Il processo suscitò molto scalpore e durò alcuni anni nel periodo fra il 1780 e il 1784. Interessante notare che dalla parte della difesa del parafulmine si schierò un giovane avvocatino di Arras, di nome Maximilien Robespierre, il quale incominciò così a conquistarsi la fama di paladino del progresso proprio grazie a quella disputa che fece tanto rumore. È curioso anche notare che l'azione degli avversari, cioè dei vicini che avevano sporto querela, venne portata avanti da Jean-Paul Marat, ai cui occhi il parafulmine era una invenzione ingegnosa ma pericolosa per cui si pronunciò contro la sua installazione.

Insomma, nello storico processo, si verificò anche uno scontro fra un grande difensore della Ragione, come appunto Robespierre, e un antesignano dei «verdi» contestatori della tecnologia, come Jean-Paul Marat.

Come funziona il parafulmine

In sostanza il funzionamento del parafulmine si basa sulle proprietà dei materiali conduttori. Le cariche elettrostatiche di norma si dispongono sulle superfici dei conduttori. Se un conduttore ha forma sferica, le cariche si collocano sulla sua superficie in maniera uniforme. Ciò è dovuto al fatto che per la sfera la curvatura (o la rotondità) è costante in tutti i punti della sua superficie.

Su di una superficie con una forma qualsiasi, come

quella di una patata, che normalmente non è liscia ma presenta delle protuberanze, la densità superficiale varia da punto a punto e allora la carica non si distribuisce uniformemente. Di regola, le cariche elettrostatiche si addensano, per così dire, là dove c'è meno «posto». In corrispondenza delle protuberanze e in particolare delle punte, è massima la densità di carica ed è massimo il campo elettrico nelle vicinanze delle punte stesse.

Su questa regola si basa il parafulmine che è un'asta metallica ben collegata a terra da una parte, mentre dall'altra si alza come una baionetta a proteggere una casa o un terreno. L'asta e la terra formano un unico, gigantesco conduttore e in corrispondenza della punta dell'asta, si ha la massima curvatura.

Quando durante un temporale sopra il parafulmine si forma una nube temporalesca carica positivamente, per il fenomeno dell'induzione elettrostatica, questa provoca una ridistribuzione delle cariche sulla superficie del conduttore gigante, formato dalla terra e dall'asta. Le cariche negative vengono attirate sul parafulmine, dove si addensano formando un forte campo elettrico.

Scontri nell'aria

L'aria è normalmente un isolante, ma al suo interno si muovono sempre delle cariche isolate (circa un centinaio per centimetro cubo). Si tratta di ioni, cioè di atomi non più neutri, e di elettroni. Questi vengono messi in movimento dall'intenso campo elettrico che si forma in vicinanza delle punte, dove maggiore è la concentrazione di carica. Si può verificare allora un processo a valanga, per cui gli ioni e gli elettroni liberi urtando contro le molecole ancora neutre, possono riuscire a ionizzarle e a creare altri ioni ed elettroni liberi.

L'aria inizia così a diventare un po' conduttrice, e i conduttori tendono ad annullare i campi elettrici al loro interno. Ora il fatto che l'aria diventi un po' conduttrice non annulla il campo elettrico fra la terra e la nube. In ogni caso, però, lo allenta e così diminuisce la probabilità di una scarica fra la nube e il terreno. Inoltre gli elettroni liberi e quelli liberatisi in seguito agli urti con molecole neutre, possono riuscire a raggiungere la nube temporalesca, carica positivamente. È così che la nube si neutralizza un po' e ciò diminuisce la probabilità di una scarica. Se questa poi si verifica, allora è pronto un percorso «privilegiato» che porta il fulmine attraverso la sbarra. Le cariche elettriche si disperdono quindi nel terreno al quale l'asta è collegata.

In definitiva il fulmine è una scarica elettrica in un gas, accompagnato da lampi e tuoni, i quali sono una conseguenza della scarica stessa e non «sono» la scarica. Infatti la corrente elettrica non si sente e non si vede. Normalmente ne vediamo solo gli effetti.

Lampi e tuoni

Come mai si avvertono lampi e tuoni in occasione di un forte temporale? Nel canale di scarica, largo pochi centimetri, c'è un intenso via-vai di ioni ed elettroni dotati di cariche opposte, che tendono a ricombinarsi, riformando così molecole neutre. Tale processo di ricombinazione è accompagnato da una forte emissione di luce ed è questa l'origine dei lampi.

Inoltre all'interno del canale di scarica si creano pressioni altissime. La brusca variazione di pressione generata dalla scarica provoca un'onda d'urto nell'aria, che viene avvertita come un'onda acustica e sonora. L'onda rimbalza e viene riflessa dalla terra e dalle altre nubi, di qui il rimbombo del tuono.

Sugli effetti collaterali del fulmine, come appunto il tuono, il sommo matematico svizzero-russo Eulero scrisse nel 1770: «Gli antichi filosofi ne attribuirono la causa ai vapori solforosi e bituminosi che salivano dalla terra nell'aria e vi si mescolavano con le nubi, dove si accendevano per qualche causa sconosciuta. Cartesio (René Descartes, 1596-1650), riconobbe presto l'insufficienza di questa spiegazione; immaginò allora un'altra causa, posta nelle stesse nubi, e credette che il tuono si verificasse quando le nubi più alte cadevano improvvisamente su quelle più basse. Secondo Cartesio, l'aria contenuta nelle nubi, in seguito a questa caduta, veniva compressa a tal punto da generare un rumore così grande, accompagnato da lampi e dal fulmine; quantunque gli fosse poi impossibile dimostrarne la possibilità...». In altre parole Cartesio cercava una spiegazione in termini puramente meccanici del fenomeno, ricorrendo a urti e cadute o a movimenti di masse.

Idee pratiche di Eulero

Nell'intrattenere una principessa tedesca sulle ultime novità della scienza illuministica, Eulero ribadisce invece la natura «elettrica» del fulmine stesso: «Le esperienze provano incontestabilmente che le nubi temporalesche sono fornite di un altissimo grado di elettricità... E talvolta prima di un temporale avvertiamo quell'aria pesante, cui certe persone sono particolarmente sensibili, che è indice di un'atmosfera carica di elettricità. Gli effetti del fulmine, per quanto sorprendenti e bizzarri, si trovano perfettamente in accordo con gli altri fenomeni conosciuti dell'elettricità...».

Andando al pratico, Eulero non scordava di consigliare «di fissare in luoghi molto alti sbarre di ferro assai solide, con la cima opportunamente appuntita, dal momento che questa forma è particolarmente adatta per attirare l'elettricità e la migliore per togliere alle nubi tutta la loro forza elettrica».

QUANDO LE GOCCE RIESCONO A ESSERE SFERICHE

Fra le molecole che compongono un liquido si esercitano delle forze attrattive, che prendono il nome di forze di coesione. Non sono così intense come le forze analoghe che si esercitano fra le molecole di un corpo solido, ma sono comunque sufficienti a far sì che una certa quantità di liquido rimanga in uno stato condensato, e sia cioè delimitata da una superficie.

Queste forze coesive svolgono in effetti un ruolo importante proprio nei fenomeni che avvengono alle superfici dei liquidi. Infatti, a seguito della loro azione, lo strato superficiale dei liquidi si comporta come una sottile membrana elastica.

La superficie di un liquido vista come una membrana in tensione è un modello proposto per la prima volta dal fisico inglese Thomas Young (1773-1829), più famoso per avere imposto una teoria ondulatoria della luce mediante un famoso esperimento di interferenza della luce attraverso due fenditure. Nel dicembre del 1804 Thomas Young scrisse un lavoro basandosi appunto sulla analogia fra la superficie di un liquido e una membrana elastica, in cui riuscì a spiegare il comportamento dei liquidi nei capillari. In seguito il modello proposto da Young venne esteso alla spiegazione di una serie di nuove osservazioni ed esperimenti relativi ai liquidi.

Uno strato di sapone

Se si immerge una cannuccia di carta in un liquido saponoso, si forma uno strato sottile di sapone liquido all'estremità della cannuccia. Soffiando in questa, si formano le bolle di sapone. In definitiva si è esercitata una forza che ha compiuto del lavoro contro le forze di coesione che agiscono fra le molecole della pellicola saponosa.

Il risultato è stato quello di aumentare la superficie della pellicola che si è tesa proprio come una membrana elastica.

La formazione delle bolle di sapone è un tipico effetto legato alle superfici di liquidi, sul quale sono stati versati fiumi di inchiostro.

Un altro effetto di questo genere è legato alla forma delle gocce di pioggia, che in condizioni normali non è esattamente sferica. In effetti la superficie di una goccia d'acqua è solo tendenzialmente sferica. L'area della sfera infatti rappresenta la superficie minima in grado di racchiudere un volume dato.

In condizioni normali i liquidi sono praticamente incomprimibili, cioè il loro volume rimane costante. Data quindi una certa quantità di liquido, la superficie libera tenderà a essere la minore possibile, e questo avviene quando si dispone in forma di sfera.

Le gocce della pioggia

Le gocce di pioggia che cadono nell'aria non hanno però forma esattamente sferica. Innanzitutto la goccia ha un peso, il che la rende oblunga e allungata verso il basso. Inoltre nel cadere è soggetta all'attrito dell'aria, che oppone resistenza e ne modifica la forma.

Le gocce di pioggia diventerebbero esattamente sferiche se fosse possibile eliminare tutte le influenze esterne.

Supponiamo di introdurre dell'olio di oliva in un

altro liquido, come l'aceto, oppure una miscela di alcool e acqua che abbia la stessa densità dell'olio. Bisogna naturalmente che l'olio non si misceli con il liquido nel quale viene versato.

Dopo aver agitato la miscela, si vede che le goccioline di olio si sono distribuite dentro il liquido, rimanendo sospese e assumendo una forma esattamente sferica. Mettendo infatti l'olio in un altro liquido avente la sua stessa densità, l'effetto della gravità viene bilanciato dalla spinta di Archimede, cioè da quella forza che si esercita su tutti i corpi immersi in un fluido e che è uguale al peso del fluido spostato. In tali condizioni la gravità non è più in grado di modificare la forma delle gocce di olio che risulta quindi sferica.

In assenza di gravità

Queste osservazioni ed esperimenti sui liquidi vennero condotti nel 1843 dal fisico belga Joseph Antoine Ferdinand Plateau (1801-1883) proprio nell'anno in cui perse la vista. In seguito Plateau continuò comunque a fare ricerca diventando membro della Royal Society di Londra e dell'Accademia delle Scienze di Parigi.

Nelle condizioni degli esperimenti di Plateau la spinta di Archimede compensa la forza di gravità e di conseguenza la tensione superficiale restituisce alle gocce la loro forma sferica. La membrana elastica torna quindi a disporsi nel suo modo preferito, cioè quello che a un volume dato fa corrispondere il minimo possibile di superficie esterna.

In condizioni di assenza di gravità è possibile ottenere molte gocce perfettamente sferiche di diversi liquidi. Ciò è successo molte volte nel corso di voli cosmici, durante la esecuzione di esperimenti di saldatura elettrica, con la formazione di gocce di metallo fuso perfettamente sferiche.

INDUZIONE MAGNETICA: IL MOTORE ROTATIVO E L'ELETTRIFICAZIONE POLITICA

Dopo la scoperta fatta nel 1820 da Oersted del fatto che una corrente elettrica genera una forza magnetica, molti scienziati si impegnarono a cercare la maniera di invertire il processo. Il problema era diventato quello di trovare il modo di usare una forza magnetica per generare una corrente elettrica.

Ormai era andato a pezzi il mito della incomunicabilità reciproca fra elettricità e magnetismo, tanto caro a Laplace quanto contestato da Arago. Ci si attendeva il passo successivo, che avrebbe chiuso il cerchio iniziato da Oersted, e si aspettava una scoperta altrettanto clamorosa.

Questa venne raggiunta nell'estate del 1831, in una stanza debolmente illuminata della Royal Institution di Londra. L'autore, Michael Faraday, era un quarantenne semplice e gentile, plebeo di umili origini, ma si stava dimostrando il più geniale sperimentatore mai apparso sulla faccia della terra.

La scoperta di Oersted era stata del tutto casuale, in quanto il professore danese stava cercando tutt'altro e dovendo dare qualche dimostrazione pratica durante la sua lezione, si era portato in aula i pochissimi strumenti dell'elettromagnetismo di allora, e cioè una batteria, un filo e una bussola. L'importantissima scoperta di Faraday fu invece il risultato di anni di ricerche infruttuose, frustranti e tormentose. Alla fine però giunse a dimostrare in maniera inconfutabile che si può usare un campo magnetico per generare una corrente elettrica.

Farady superò Ampère

L'intuito e la strenua perseveranza fecero cogliere a Faraday il particolare che era sfuggito a ben più titolati esperti del ramo, come il dottissimo scienziato francese André-Marie Ampère.

L'ex rilegatore di libri Faraday si accorse infatti che per generare una corrente elettrica, un polo magnetico o un filo percorso da corrente devono muoversi o variare l'uno rispetto all'altra. Il fatto prenderà il nome di induzione elettromagnetica.

La scoperta significava un passo in avanti a partire dall'antica esperienza di Oersted, grazie alla quale Ampère aveva associato un campo magnetico a una corrente elettrica, cioè al moto di una carica (finché infatti una carica rimane in riposo, si genera soltanto un campo elettrostatico, e un campo magnetico appare non appena la carica incomincia a muoversi, dando luogo così a una corrente).

Il passo successivo compiuto da Faraday fu il verificare che la variazione di un campo magnetico è accompagnata dalla generazione di un campo elettrico.

I suoi brillanti esperimenti gli permisero di trovare la connessione fra il campo magnetico «mutevole» (come scrivevano Einstein e Infeld), e la corrente indotta, provocata cioè dal campo elettrico indotto.

Anche qui siamo in presenza di forze dall'azione «avvolgente» in quanto un campo elettrico «si avvita» attorno a un campo magnetico variante (così come un campo magnetico «si avvita» attorno a un filo percorso da corrente).

Così nacque il motore rotativo

L'immensa portata tecnologica del risultato ottenuto da Faraday fu colta immediatamente. Scrive lo storico della tecnica tedesco Friedrich Klemm: «Già nell'anno che seguì la scoperta dell'induzione da parte di Faraday, H. Pixii, il meccanico di Ampère, costruì nel 1832 il primo generatore di corrente rotativo», intendendo ovviamente riparare allo smacco subìto dal sommo scienziato francese nella competizione serrata con il super-tecnico inglese. Continua Klemm: «M.H. von Jacobi [1801-1874] costruì nel 1834 il primo motore elettrico che potesse effettivamente essere impiegato per compiere un lavoro; la macchina era alimentata da una batteria».

I fisici erano impegnati in prima linea nell'indicare gli sviluppi della tecnologia elettrica, e soprattutto nel prospettarla in termini positivi, in quanto il nuovo corso sembrava avere necessità anche di buoni «avvocati difensori».

Infatti i «padroni del vapore», nel senso letterale del termine, non erano certo disposti a fornire molto credito al nuovo verbo dell'elettricità. Nel 1839 un fisico olandese scrisse su di una rivista ufficiale tedesca di fisica e chimica: «La scienza naturale ha posto del tutto inaspettatamente nelle nostre mani una nuova fonte di grande, sconosciuta energia. Essa non attira i venti dalle loro caverne, né dà pressione all'acqua per effetto del calore, e non fa esaurire la forza muscolare degli animali, né lavora attraverso meccanismi complicati, e non sfrutta la forza dell'acqua imbrigliando i selvaggi torrenti, né utilizza alcuna forza di gravità, ma con il mezzo più semplice si sviluppa in modo misterioso una forza ovunque presente nella natura, ma per lo più occulta ai nostri sensi. Potrà questa forza sostituirsi con vantaggio, almeno in alcuni casi, a quella del vapore? Sento che esistono nel nostro Paese abili meccanici che rigettano tale possibilità come una vera e propria sciocchezza. Un tale atteggiamento è del tutto sconveniente per l'uomo di cultura scientifica, ed addirittura biasimevole, in quanto egli con il suo parere fa diminuire negli altri l'impulso verso le cose buone. L'elettromagnetismo è una forza di energia grande, ovvero sconosciuta, e non si deve rigettare ciò che non si conosce».

Evidentemente la lotta a favore di questa o di quella fonte di energia fa ricorso ad argomenti analoghi in tutte le epoche.

Elettrificazione politica

Le prevenzioni reciproche e le diffidenze fra i meccanici del vapore e i virtuosi dell'elettricità non ebbero lunga durata. Pochi decenni dopo l'accorato e quasi lirico appello del fisico olandese Vorsselman de Heer, colossali turbine, azionate da macchine a vapore, facevano ruotare gigantesche spire di filo conduttore in intensi campi magnetici per generare corrente elettrica e illuminare e muovere il mondo. L'utilizzo dell'energia elettrica nei più svariati processi industriali, nei trasporti e nelle comunicazioni, portò a una impressionante accelerazione dello sviluppo economico dei Paesi che si impegnarono nella sfida per andare oltre il «vapore», già benemerito per aver segnato l'avvento della cosiddetta prima rivoluzione industriale.

Non a caso uno dei primi manifesti del partito bolscevico di Lenin conteneva una semplice risposta alla domanda «che cos'è il comunismo?». La risposta era: il comunismo è «tutto il potere ai Soviet e l'elettrificazione del Paese». Lo storico slogan sottolineava la mitica *elektrifikatziia*, cioè lo sviluppo della allora nuova tecnologia basata sull'elettricità, assunta addirittura come bandiera del nuovo corso innovatore.

L'INERZIA E IL SALTO DEL SENSO COMUNE

Secondo gli schemi interpretativi dei fenomeni della realtà quotidiana elaborati nell'ambito della cultura pregalileiana, la relazione fra forza e movimento si basava su semplici considerazioni, ispirate al senso comune. Ogni cosa che si muove deve essere mossa da qualcos'altro, che si trovi a suo diretto contatto. Può essere uno schiavo che sorregge una lettiga o un paio di buoi che trascinano un grosso carro, giusto per nominare due forme di energia fra le più utilizzate nelle antiche civiltà.

Lasciato a sé, un carro pesante non si muove, come del resto qualunque altro oggetto inanimato. Passando a dimensioni più domestiche, se si vuole spostare un libro sul tavolo di una scrivania, bisogna spingerlo con la mano esercitando una azione di contatto continua fino al raggiungimento dello scopo.

Sulla base di queste semplici constatazioni, i filosofi aristotelici giunsero alla conclusione che un corpo sta fermo perché questo è in definitiva il suo «stato naturale». Per passare a una situazione di movimento, è necessario un intervento esterno, cioè una forza. Quanto più energico è l'intervento esterno, tanto maggiore sarà la velocità impressa all'oggetto che si vuole mettere in «stato di moto». Ovvero più gagliardi sono i cavalli che tirano una biga, tanto maggiore sarà la velocità raggiunta nella corsa.

E poi, quanto più un carico da spostare è grosso, maggiore è la forza che bisogna utilizzare per imprimergli una data velocità. Per spostare un carico particolarmente pesante ci vorranno quattro buoi là dove prima ne bastavano due.

Fin qui la cultura pregalileiana non era andata oltre a una semplice generalizzazione delle constatazioni più banali.

Parecchi secoli

Per arrivare al principio di inerzia, cioè che lo stato naturale di un corpo non sia soltanto quello di quiete, ci sono voluti parecchi secoli. Fu infatti Galileo a intuire che lo stato naturale di un corpo poteva benissimo essere uno stato di moto, anche se di un tipo specialissimo di moto, come il movimento che avviene lungo una linea retta con velocità costante. Si trattava di una considerazione che andava profondamente contro l'intuizione basata sul senso comune. Galileo ci arrivò, come al suo solito, «difalcando dagli impedimenti». Impostò cioè la sua analisi del moto dei corpi facendo astrazione dagli attriti, che pur costituiscono un fatto ineliminabile del mondo reale. Arrivò così a immaginarsi una situazione in cui un corpo continua a muoversi di moto rettilineo uniforme anche quando non c'è nessuna forza a spingerlo oppure a tirarlo.

Il principio di inerzia intuito da Galileo rappresentò il primo passo nella elaborazione di una scienza razionale del moto dei corpi, che fu il risultato di sforzi poderosi compiuti da una serie di menti eccezionali nel corso del Seicento e del Settecento.

È stato spesso notato che la scienza astratta della quantità, cioè la matematica, fosse stata elaborata in forma perfettamente razionale già dagli antichi greci. In effetti una trattazione come quella degli *Elementi* di Euclide (c. 325-265 a.C.) ha rappresentato per millenni un modello di sistemazione scientifica di un determinato ramo della scienza. Grazie a Euclide, già in epoca antica vennero fatti alcuni passi anche nella fisica, con i primi elementi di una trattazione sistematica delle proprietà statiche dei corpi, e non solo dei solidi ma anche dei fluidi, studiati da Archimede. Nonostante i livelli di astrazione raggiunti nel considerare quella che oggi chiamiamo la statica, la scienza greca però non aveva fatto registrare progressi significativi nell'analisi del movimento dei corpi, ovvero nella considerazione delle situazioni dinamiche. Quel compito venne svolto dai giganti del Sei-Settecento, come detto, e il principio di inerzia, intuito da Galileo, fu solo il primo passo di un lungo percorso.

Logica aristotelica

In comune con gli sviluppi successivi, che portarono alla meccanica cosiddetta razionale, il principio galileiano dell'inerzia aveva un carattere profondamente controintuitivo. Era (ed è) chiaramente in contraddizione con le più dirette constatazioni del senso comune, ovvero con le nozioni intuitive che la logica aristotelica pregalileiana aveva codificato in forma abbastanza sistematica.

Per compiere dei progressi nella scienza del moto, fu però necessario andare, per così dire, controcorrente rispetto alle tendenze di una logica spicciola.

Il fisico teorico più brillante del secolo scorso (dopo Einstein) fu l'inglese Paul Dirac (1902-1984), al quale viene attribuito il detto secondo cui ai fisici interessano solo le equazioni in grado di descrivere la natura, e che perciò «bisogna rassegnarsi alla mancanza di una logica stretta».

Alle considerazioni aristoteliche e pregalileiane su forza e movimento, o sullo stato naturale dei corpi, non faceva certo difetto una buona dose di «logica stretta». Questa però non servì agli scopi di una comprensione effettiva dei fattori in gioco.

Galileo giunse al principio di inerzia con una serie di osservazioni ed esperimenti che sono alla portata di chiunque oggi voglia meditare su fatti semplici e concreti.

Consideriamo un oggetto che possa muoversi su di un piano orizzontale, cioè in una situazione in cui gli effetti della gravità non entrino in gioco. Per spostare quell'oggetto a velocità costante su di un tavolo con una superficie ruvida, occorre una certa forza. Se la superficie del tavolo fosse un po' meno ruvida e un po' più liscia, basterebbe una forza minore. Se poi si mette uno strato di lubrificante fra la superficie dell'oggetto e il tavolo, basta una forza minima per spostarlo. Osservazioni di questo genere sono del tutto ovvie, e per di più controllabili in pratica con facilità.

Comunque, a ogni passo successivo che abbiamo considerato, abbiamo fatto ricorso a una forza sempre più debole. Come ultimo stadio, arriviamo a una situazione in cui il nostro oggetto non striscia più sul tavolo, anche perché abbiamo usato un lubrificante perfetto, ma scivola senza problemi. Possiamo allora concludere che una volta messo in moto, l'oggetto continuerà a muoversi sul tavolo a velocità costante, senza che nessuna forza stia a spingerlo o a tirarlo. Non ci sarà più bisogno di accompagnarlo in continuazione con la mano.

Moto rettilineo

Una sferetta di un cuscinetto di acciaio posta su una superficie dura approssima, in pratica, una situazione del genere. Se si eliminano gli attriti cioè, anche in seguito a una spinta l'oggetto continuerà a muoversi di moto rettilineo a velocità costante. L'oggetto si ferma solo quando su di esso viene esercitata una forza, come quella degli attriti.

L'utilità dell'approccio galileiano per gli sviluppi successivi fu proprio nel pensare all'azione dell'attrito come a qualcosa di analogo al premere o al tirare un oggetto. Gli attriti intervengono quando un oggetto è in moto per ostacolare il moto stesso e così facendo esercitano una forza.

Il percorso apparentemente paradossale compiuto da Galileo fu in effetti quello di astrarre dagli attriti in una prima approssimazione, allo scopo di pervenire a una corretta conoscenza delle relazioni fra forza e movimento, per poi considerare gli effetti dell'attrito come una forza effettiva.

Per spingere un libro su di un tavolo a velocità costante, è richiesta la spinta di una mano, cioè una forza che va a opporsi alla forza esercitata dall'attrito del libro sul tavolo. In conclusione le forze in gioco si annullano a vicenda e il libro viene spostato sul tavolo a velocità costante, in accordo con le considerazioni di Galileo.

La differenza fra l'approccio galileiano e quello aristotelico non risiede pertanto nella aderenza ai fatti. L'esperienza di ogni giorno ci insegna che gli oggetti in movimento tendono a fermarsi se viene a mancare la spinta che li sollecita a muoversi. Gli aristotelici non avevano del tutto torto, solo che si limitarono a prendere atto di così come apparivano le cose a uno sguardo immediato.

Ci volle un autentico salto dell'immaginazione come quello compiuto da Galileo per arrivare a immaginarsi una situazione in cui gli attriti fossero del tutto assenti, (nonostante che in pratica una situazione del genere non sia mai del tutto raggiungibile) per poi giungere ad attribuire agli attriti le funzioni di forze (non attive, ma contrastanti il movimento degli oggetti).

Salto d'immaginazione

Con quel salto di immaginazione, Galileo giunse alla conclusione che lo stato di moto rettilineo uniforme è altrettanto naturale per un corpo quanto lo stato di quiete.

Le intuizioni di Galileo vennero sistematizzate da Newton, con la formulazione del principio di inerzia, detto anche primo principio della dinamica.

Il termine inerzia sta a indicare la tendenza dei corpi a mantenere il loro stato di quiete oppure di moto rettilineo uniforme, che risulta quindi perfettamente naturale come lo stato di quiete.

Dagli scritti di Galileo risulta che egli considerasse appunto come perfettamente naturale il moto in linea retta, ovvero l'inerzia lineare. Non è escluso che pensasse anche a una specie di inerzia sferica, e cioè che ritenesse «naturale» anche il moto su di una superficie sferica come quella della Terra. In un moto circolare però la velocità cambia continuamente di direzione e non rimane costante come nel moto rettilineo.

Questa incertezza da parte di Galileo ha fatto a lungo discutere gli storici specializzati nella scienza. Un piccolo inciampo del genere era però inevitabile in una fase pionieristica, in cui la scienza nel senso moderno del termine era ancora allo stato nascente.

L'utilizzazione effettiva fatta da Galileo della nozione di inerzia era peraltro in linea con gli sviluppi successivi.

Le incertezze manifestate dai giganti del passato fanno ritenere esagerate molte affermazioni che si trovano disseminate nella vasta letteratura divulgativa sulla fisica moderna. Si è sempre letto infatti che la relatività e la meccanica quantistica presentano concetti difficili da assimilare, in quanto contrari al senso comune, che si troverebbe codificato e addirittura incorporato nella fisica cosiddetta classica, sviluppata da Galileo in poi. Quando invece furono proprio i grandi del passato a doversi aprire la strada al di là delle ovvietà e della logica del senso comune.

I COLORI DELL'IRIDESCENZA, I MILITARI COPIANO LE FARFALLE

Le ali delle farfalle sono famose per i loro colori vividi. Alcune hanno un colore uniforme, bianco, nero o altro. Molte presentano svariate tonalità di blu, verde e così via.

La disposizione dei colori è determinata per via genetica e l'evoluzione ha escogitato infinite soluzioni per l'adattamento alle più svariate situazioni. La varietà della natura si presenta in infinite forme, ma vi sono sostanzialmente due meccanismi all'origine della colorazione delle ali delle farfalle. Oltre a quella più comune si incontrano anche gli spettacolari colori dell'iridescenza la cui origine è diversa.

Il più comune è dovuto alla presenza di pigmenti chimici, che assorbono alcune lunghezze d'onda, cioè alcuni colori e ne trasmettono o riflettono degli altri.

Pigmenti diversi sono all'origine di colori diversi. Le foglie delle piante sono verdi per la presenza del pigmento della clorofilla, mentre le carote sono arancioni a causa della presenza del carotene. Le diverse tonalità del marrone sulla pelle e nei capelli sono legate alla concentrazione relativa del pigmento detto melanina, presente nella pelle stessa e nei follicoli dei capelli. Gli individui che hanno i capelli rossi dovrebbero avere un pigmento particolare a base di ferro.

Interferenza della luce

I colori prodotti per iridescenza non sono invece dovuti alla pigmentazione, ma sono legati all'interferenza della luce, conseguente a una riflessione multipla all'interno della struttura fisica di un materiale. Per questa ragione vengono detti colori «strutturali».

Il loro studio ha avuto inizio nel Seicento, in contemporanea con le prime ricerche sulla natura dei colori. Vi si applicò anche il grande Isaac Newton, il quale si sforzò di comprendere la comparsa e la distribuzione dei colori iridescenti nelle piume delle code dei pappagalli. Allora si incominciò a comprendere l'iridescenza, definita come la variazione della tonalità del colore di un oggetto a seconda dell'angolo di visuale con il quale viene osservato.

Newton compì passi decisivi nella comprensione del fascinoso fenomeno, spingendosi anche oltre un modello strettamente corpuscolare della luce nel tentativo di darsene una spiegazione.

Più di un secolo dopo Newton, l'interferenza venne spiegata da un altro fisico inglese, Thomas Young. Per dare una idea della sua interpretazione, bisogna considerare qualcosa di più prosaico delle ali delle farfalle, come una macchia d'olio sull'acqua, o le pellicole delle bolle di sapone.

Le pellicole sottili riflettono parte dell'onda luminosa incidente sulla loro superficie superiore, che funziona parzialmente come uno specchio. Parte della radiazione incidente però non viene riflessa e penetra attraverso la pellicola, fino a incontrare la superficie inferiore. Qui di nuovo viene in parte riflessa dallo «specchio» inferiore e si mette a viaggiare nella stessa direzione della luce riflessa dal primo specchio. Raggiungendola, dà luogo ai classici fenomeni di interferenza.

Regola la temperatura

La luce riflessa dal secondo specchio ha percorso un cammino diverso dalla prima e ha subìto una riflessione. Le due onde, riflesse dalla prima e dalla seconda superficie, possono così aver accumulato una certa differenza di fase.

Di qui la possibilità di interferenza costruttiva, che provoca la forte riflessione per un certo colore. Come pure la possibilità di interferenza distruttiva, che porta alla sparizione di un certo colore nella luce riflessa.

Se si illumina una pellicola sottile con luce bianca, che comprende l'intero spettro dei colori, solo un colore preciso verrà riflesso con grande intensità secondo un certo angolo visuale. Se invece la pellicola viene illuminata con luce di un solo colore, l'interferenza dà luogo a una successione di bande chiare e scure.

Se al posto di una sola pellicola, se ne hanno diverse e disposte parallelamente, allora i colori riflessi diventano ancora più netti e intensi. Di pellicole multistrato del genere sono composte le ali delle farfalle e anche le piume di molti uccelli che esibiscono colori di iridescenza ancor più brillanti dei colori naturali. E affascinano maggiormente proprio per i cambiamenti che presentano al variare dell'angolo di visuale. La struttura delle cuticole che compongono le ali delle farfalle varia da specie a specie, e la loro disposizione è legata a precisi compiti, come aiutare l'aerodinamica del volo o conservare la temperatura del corpo dell'insetto.

Un'arma di difesa

I colori mutevoli delle ali servono inoltre come un'arma di difesa per mimetizzarsi contro i predatori oppure per lanciare messaggi di significato sessuale.

Scienziati inglesi dell'Università di Exeter hanno studiato gli spettacolari colori delle farfalle, in collaborazione con la DERA, l'agenzia di ricerca del Ministero della Difesa britannico. Lo scopo è quello di riprodurre gli stessi effetti che Madre Natura opera nei magnifici insetti, usando fibre plastiche e trasparenti, capaci di assumere un colore voluto.

Probabilmente non si riuscirà a riprodurre i colori sgargianti delle farfalle, quanto piuttosto quei colori che possono servire per scopi mimetici, oppure, al contrario, per l'avvistamento a distanza.

Molte farfalle riescono a giocare con l'interferenza multipla, governando la disposizione delle cuticole delle ali. Le farfalle Morpho, ad esempio, riflettono fino all'85% di una luce blu che le illumini, risultando così visibili fino a centinaia di metri di distanza. Potrebbero servire come modello naturale per la realizzazione di etichette o di una segnaletica particolare, che presenti colori e forme sgargianti e visibili da grande distanza.

Una società di San Francisco ha messo a punto un dispositivo, che potrebbe dare vita a un nuovo tipo di schermo, in alternativa ai cristalli liquidi. È basato su una membrana metallica e uno strato di pellicole riflettenti sottili, che compongono i *pixel* dello schermo. In prospettiva i *pixel* prodotti dovrebbero essere più luminosi di quelli usati nei cristalli liquidi e anche la risoluzione dovrebbe essere superiore. Non è un caso, quindi, che quella società californiana abbia in passato usufruito di finanziamenti da parte della DARPA (l'agenzia americana per i progetti avanzati di interesse militare) e di altre agenzie del Dipartimento della Difesa degli USA.

LA SCOMPOSIZIONE DELLA LUCE E LA POLEMICA TRA GOETHE E NEWTON

Con un raggio di luce e un prisma di vetro si può creare l'arcobaleno. Ma così si dimostra anche che la luce è formata di tante parti che si possono separare. La scomposizione della luce bianca in raggi di luce di tutti i colori, è un effetto legato a una particolare proprietà del cosiddetto «indice di rifrazione». Quando la luce passa dall'aria all'acqua, un fascio che incida sulla superficie dell'acqua subisce una deviazione. Così vediamo un remo apparentemente spezzato quando è immerso in acqua. L'indice di rifrazione dà una misura di questa deviazione dei raggi ed è importante nelle lenti e in tutti gli strumenti ottici. Esso, inoltre, dipende dalla lunghezza d'onda della luce impiegata.

L'ottica classica descrive la luce come un fenomeno ondulatorio, ovvero una propagazione continua di onde che una volta si pensava che si diffondessero nell'etere, così come le onde sonore viaggiano nell'aria. E i termini di lunghezza d'onda o frequenza sono tratti dalla descrizione delle onde meccaniche, come le onde sul mare o le onde acustiche, anche alle onde luminose o ottiche.

A colori diversi corrispondono, poi, onde di differente lunghezza. Le quali subiscono deviazioni diverse nel passare dall'aria all'acqua o al vetro e viceversa.

Come si può vedere

Quando la luce bianca attraversa una lastra di vetro, che ha facce parallele, i diversi colori che compongono la luce bianca subiscono in effetti rifrazioni o deviazioni differenti. All'uscita però, il fascio di luce bianca che riemerge da una lastra di vetro risulta di nuovo prevalentemente bianco. Per mettere bene in evidenza il fenomeno della dispersione, bisogna far incidere un fascio di luce bianca su di un prisma, cioè su di un oggetto trasparente le cui facce non siano parallele come nel vetro delle finestre. Facendo incidere un fascio di luce bianca su di un prisma, si vede chiaramente come l'indice di rifrazione diminuisca all'aumentare della lunghezza d'onda. Si vede infatti che la luce blu, alla quale corrisponde una lunghezza d'onda attorno ai 470 nanometri (o miliardesimi di metro), viene deviata più della luce rossa, la cui lunghezza d'onda è attorno ai 700 nanometri, nell'attraversare un prisma. Gli altri colori dello spettro visibile cadono entro questi estremi. Dopo il rosso abbiamo in sequenza l'arancione, il giallo, il verde, il blu, l'indaco e il violetto (al quale corrisponde una lunghezza d'onda di 400 nanometri).

La scoperta

Gli studi di Newton sulla natura dei colori partirono dalla sua realizzazione del telescopio riflettore, del tipo tuttora usato dagli astronomi. Fu la realizzazione di tale telescopio che fece entrare Newton nel 1672 alla Royal Society, all'età di 30 anni. In seguito Newton volle dimostrare che il suo strumento era superiore al telescopio rifrattore, lo strumento concorrente, che secondo lui era afflitto dai problemi ineliminabili connessi all'aberrazione cromatica delle lenti. I fatti in seguito si incaricarono di dargli torto a proposito del telescopio rifrattore. Ma la sua teoria dei colori sopravvisse comunque.

La dispersione della luce bianca si manifesta nell'arcobaleno. Il primo a riprodurre un piccolo arcobaleno fu Isaac Newton nella sua stanza al primo piano del Trinity College a Cambridge affacciata su uno splendido cortile interno, e che poi racconterà nel trattato *Opticks* nel 1704.

A questo scopo Newton utilizzò la luce solare proveniente da una fessura circolare ricavata nella tenda copri-finestra tipica delle case inglesi. Ma Newton non si limitò a creare un piccolo arcobaleno sulla parete opposta alla finestra con l'intera gamma dei colori che sfumava dal rosso al violetto. Dimostrò anche che la luce di un determinato colore subiva deviazioni dello stesso angolo passando attraverso due prismi. Mostrò insomma che la luce «semplice» di un solo colore (o come diremmo noi monocromatica) non subisce variazioni in seguito a riflessione, rifrazione o dispersione. Ciò dimostrava che il colore è una qualità intrinseca della luce, e non invece il risultato di una improbabile miscela fra luce e «ombra», come sosteneva Aristotele e poi i suoi seguaci.

Newton fu anche in grado di «ricomporre» la luce bianca, dimostrando così che il colore bianco, è il risultato della combinazione dei raggi di tutti i colori.

Inoltre, dai suoi esperimenti risultava chiaro che là dove c'era ombra o oscurità, non vi era nessun colore. Quindi come il bianco è il risultato della miscela di tutti i colori, e quindi non è propriamente un colore, il nero è invece legato all'assenza di colori. Anche il nero non è propriamente un colore. In termini moderni diremmo che la luce bianca non è associata a una particolare lunghezza d'onda, essendo in un certo senso connessa a tutte. E altrettanto il colore nero, dato che risulta dall'assenza di raggi di qualunque lunghezza d'onda.

Newton in realtà non mise in relazione i colori con i raggi di diversa lunghezza d'onda. Non usò cioè idee tratte dalla rappresentazione ondulatoria o continua dei fenomeni ottici.

Era infatti convinto che i raggi di luce fossero composti da fasci di particelle in moto in un mezzo materiale, che riempiva tutto l'universo, inclusi gli interstizi fra gli atomi delle sostanze.

Newton aveva cioè un'idea corpuscolare sulla natura della luce. Non se la raffigurava quindi come una propagazione continua di tipo ondoso, come le onde sulla superficie dell'acqua o le onde sonore, che si propagano nell'aria. Pensava che i raggi di luce fossero costituiti da una successione di getti di particelle ipotetiche. In effetti Newton mise in relazione i diversi colori della luce con le «dimensioni» (ipotetiche) delle altrettanto ipotetiche particelle luminose, responsabili della propagazione della luce.

Eulero non era d'accordo

Leonhard Euler fu un sommo fisico matematico svizzero del Settecento, che lavorò in Russia e fu di statura paragonabile a quella di Newton. In una delle sue famose *Lettere ad una principessa tedesca su diversi argomenti di fisica e filosofia* scrisse che Newton aveva cercato la ragione o la spiegazione della natura dei colori «nei raggi del Sole, che secondo lui sono vere e proprie emanazioni (cioè proiezioni di particelle luminose). La sua opinione [di Newton N.d.R.] è che la materia dei raggi può essere più o meno sottile, e in base a questa differenza stabilisce la diversità di tutti i colori: rosso, giallo, verde, azzurro e violetto».

Eulero era uno svizzero di Basilea, svolse la sua infaticabile opera di scienziato all'Accademia delle Scienze di San Pietroburgo, e non era d'accordo con la soluzione che Newton aveva dato al problema della natura dei colori, «questione che in tutti i tempi ha tormentato i filosofi». Era invece seguace dell'altra dottrina che si presentava in alternativa al corpuscolarismo di Newton, quella ondulatoria o vibrazionale. Eulero aveva insomma intuito che nei fenomeni luminosi era insito un carattere di «periodicità» e a questo proposito scrisse che «relativamente alla vista, i colori sono la stessa cosa dei suoni alti o bassi relativamente all'udito».

La posizione di Newton non fu però così rigidamente corpuscolarista come è stato tramandato.

Partito in effetti da una concezione di tipo «corpuscolare», Newton ne avvertì i limiti, al punto da «forzarla» a rendere conto di un altro fenomeno da lui studiato (i famosi anelli di Newton) che sono invece legati alla natura ondulatoria o continua della luce e alla periodicità degli impulsi luminosi.

Newton è stato mitizzato in effetti come il grande sostenitore della teoria corpuscolare, ma il lettore delle *Queries* (quesiti o questioni aperte), poste in fondo all'*Opticks*, vi trova sorprendenti affermazioni addirittura di carattere profetico sulla doppia natura, corpuscolare e ondulatoria, della luce (oggi si direbbe dei fotoni o quanti di luce).

A proposito della modernità di alcune intuizioni di Newton sulla luce, I. Bernhard Cohen ha scritto: «Il paragone fra opere di scienza e opere d'arte è particolarmente significativo per comprendere la storia della reputazione dell'*Opticks*. Dopo aver conosciuto Picasso e Dalì, Cranach e Bosch non ci sembrano strani come sarebbero apparsi ad uno spettatore dell'epoca Vittoriana. Analogamente dopo aver conosciuto [Max] Planck [1858-1947], Einstein, [Niels] Bohr [1885-1962], [Louis] De Broglie [1892-1987], [Erwin] Schroedinger [1887-1961] e [Werner] Heisenberg [1901-1976], i suggerimenti di Newton relativi all'interazione fra particelle di luce e particelle di materia, ed il suo adombrare una teoria corpuscolare della luce che tenesse conto anche del suo comportamento ondulatorio, non sembrano più oggi... un enigmatico guazzabuglio di idee, all'apparenza prive di senso fisico, e quindi al di là dei limiti della comprensibilità...» (I. Bernhard Cohen, prefazione a *Sir Isaac Newton, Opticks*, Dover, 1952, p. XIV). In seguito gli esperimenti di Newton sui colori vennero reinterpretati nell'ambito della teoria ondulatoria della luce, che si affermò nell'ottocento grazie a un altro sommo fisico di Cambridge, James Maxwell.

Goethe critica Newton

Ma sulla luce addirittura Goethe innescava una polemica postuma con Newton che continuerà a far discutere. Essa non riguardava il dilemma fra la natura ondulatoria e quella corpuscolare della luce, quanto piuttosto la caratteristica di fondo degli esperimenti di Newton con il prisma e addirittura la natura della sperimentazione che veniva condotta dai fisici.

In breve, secondo Johann Wolfgang Goethe (1749-1832), Newton aveva forzato la natura a fornire risposte alle sue domande, e aveva «torturato» la luce bianca scomponendola nei suoi diversi colori. Oggi i seguaci di Newton «torturano» anche singoli fotoni con le cosiddette celle di Pockels, con le quali riescono a far variare istantaneamente la polarizzazione di singoli fotoni.

In seguito alla polemica Goethe è stato presentato come il paladino di una scienza per così dire ecologica e «dal volto umano», rispettosa della Natura. Mentre Newton e i suoi seguaci sono stati descritti appunto come dei torturatori della Natura stessa.

Goethe in particolare sostenne che la luce bianca, «ricomposta» da Newton, non era più la stessa luce bianca che proveniva dal Sole proprio perché sottoposta alle «forzature» della strumentazione ottica di Newton. La diatriba è stata ripresentata diverse volte specie da parte dei ciritici della scienza e della tecnologia.

Una soluzione salomonica venne proposta dal fisico russo Leonid I. Mandel'štam (1879-1944), ottico insigne nonché maestro del Premio Nobel Igor Tamm (1895-1971). Come fisico, Mandel'štam dava ragione a Newton e alla sua pratica di laboratorio. Osservava però che le critiche di Goethe erano state in un certo senso anticipatrici di un grosso nodo teorico che la fisica quantistica si trovò ad affrontare, un nodo tuttora irrisolto, e cioè il cosiddetto problema della misura e della influenza o della ineliminabile perturbazione esercitata da un apparato di misura sul comportamento del sistema microscopico in esame. Nella sua interazione con uno strumento di misura, una particella come un elettrone viene perturbato nella sua posizione e nella sua velocità in maniera incontrollabile.

IL PRINCIPIO DI BERNOULLI
L'ACQUA NEI TUBI E UNA SPRUZZATINA DI PROFUMO

Come scorre l'acqua all'interno dei tubi? A spiegarlo ci pensò Daniel Bernoulli, uno svizzero appartenente a una numerosa famiglia di fisici-matematici, un'autentica dinastia, che lasciò il segno nella storia della scienza del Settecento.

Fu tra i primi, fra l'altro, insieme a Leonhard Euler, a beneficiare della generosità della grande Caterina I di Russia, la quale, rimasta vedova di Pietro il Grande, volle proseguire il suo progetto volto a realizzare un'Accademia delle Scienze nella nuova capitale costruita sulle rive della Neva, San Pietroburgo.

Al pari del suo connazionale svizzero Eulero, anche Bernoulli aveva come programma di studio quello di estendere le leggi della meccanica e del moto dei corpi, individuate da Newton, fino a comprendere i movimenti dei fluidi e dei corpi solidi. Per indagare il moto dei fluidi, Bernoulli non disdegnò di compiere esperimenti sul flusso dell'acqua in svariati condotti. Osservò innanzitutto che l'acqua, scorrendo da un tubo largo a uno più stretto, aumenta di velocità. Nel passare invece da un tubo stretto a uno più largo, l'acqua scorre più lentamente.

Anche Leonardo ci provò

I dotti fanno notare come un'osservazione del genere fosse già stata avanzata dal sommo Leonardo da Vinci (1452-1519). Comunque Bernoulli si spinse molto più in là scoprendo infatti che l'acqua quando scorre lentamente (come nel tubo largo), ha sempre una pressione maggiore di quando si sposta velocemente (come nel tubo stretto). Ci doveva dunque essere una relazione di proporzionalità inversa fra la velocità e la pressione del fluido, intendendo quest'ultima non come pressione statica o idrostatica, come quella già studiata da Archimede, e dovuta ai fluidi in quiete, ma come pressione legata al movimento del fluido.

In altri termini, quanto maggiore è la velocità del fluido, tanto minore è la pressione che esso esercita su ciò che lo circonda. Viceversa, quanto più un fluido si sposta lentamente, tanto maggiore è la pressione su ciò che lo circonda, come se si attardasse a far sentire la sua presenza.

Il trattato sulla idrodinamica di Daniel Bernoulli venne pubblicato nel 1738 a San Pietroburgo e fece epoca. Egli formulò il «principio» per i cosiddetti «fluidi ideali», cioè per i fluidi praticamente privi di viscosità e lontanissimi dall'essere turbolenti. Naturalmente si tratta di una condizione ideale, un'astrazione, dato che i fluidi reali sono tutti, chi più chi meno dotati di viscosità, la quale rappresenta l'attrito interno fra gli strati di fluido. Del resto, per semplificare e andare dritto al nocciolo della questione, anche Galileo aveva trascurato l'attrito dell'aria nella sua analisi del moto dei gravi cadenti e dei proiettili.

Il procedimento tipico degli scienziati dell'epoca eroica del Sei-Settecento consisteva nell'astrarre da qualche fattore considerato come ininfluente sull'andamento di un certo fenomeno. Anzi questo sembrava quasi una condizione necessaria per riuscire a determinare in forma matematica l'equazione, ovvero il principio che governa il fenomeno stesso.

Così le ali reggono gli aerei

Applicato a un fluido poco viscoso come l'aria, il principio di Bernoulli è in grado di spiegare anche la portanza degli aerei, il che ci riporta a San Pietroburgo in una epoca attorno al 1905.

Due anni prima i fratelli Wright, Wilbur (1867-1912) e Wrightt Orville (1871-1948) erano riusciti a compiere il primo volo, facendo volare per un breve tratto un primitivo aeroplano, cioè un oggetto più pesante dell'aria. Nessuno però era riuscito ancora a comprendere in base a quale principio aerodinamico si fosse reso possibile il miracolo compiuto dai fratelli Wright.

Del problema si occupò l'ingegnere russo Nikolaij I. Žukovskij (1847-1921), il quale concluse appunto che gli aeroplani come quello dei Wright riuscivano ad alzarsi grazie al principio di Bernoulli.

Per studiare l'aerodinamica delle ali, Žukovskij aveva a disposizione una galleria del vento, che poteva essere assimilata a un tubo di largo diametro all'interno del quale l'aria fluiva velocemente, come l'acqua nei tubi studiati da Bernoulli.

Žukovskij eseguì i suoi esperimenti con una tipica ala a fondo piatto e superficie superiore arrotondata. Un'ala del genere tagliava il flusso dell'aria che le veniva incontro nella galleria del vento, dividendola in una corrente superiore e in una inferiore. Stretta fra il rigonfiamento dell'ala e il soffitto, la corrente superiore risultava muoversi con una velocità maggiore rispetto all'altra corrente che passava fra il fondo piatto dell'ala e il pavimento. Sulla base del principio di Bernoulli, Žukovskij concluse che la corrente inferiore più lenta doveva esercitare una pressione maggiore della corrente superiore e più veloce. In altri termini, la pressione complessiva esercitata dall'aria sull'ala, data dalla differenza fra le due, era in definitiva diretta verso l'alto. Per questo motivo, appunto, le ali dell'aereo ricevevano una spinta verso l'alto.

Treni in galleria e profumi

In condizioni più domestiche, il principio entra in gioco anche quando viene usato un nebulizzatore o uno spruzzatore di profumo. Infatti in questo caso si preme una pompetta di gomma allo scopo di spingere l'aria attraverso un tubicino.

L'aria che viene fatta scorrere al suo interno ha pressione minore rispetto a quella dell'atmosfera circostante, dove l'aria è invece ferma. La corrente veloce (e a bassa pressione) incontra l'estremità di un condotto attraverso il quale viene risucchiato il profumo, spinto dal basso dalla pressione atmosferica. Qui il profumo viene forzato a uscire e si polverizza nell'aria come una nebbiolina.

Un'esperienza diretta delle conseguenze del principio di Bernoulli viene provata dai passeggeri di un treno che ne incrocia un altro a grande velocità. Infatti il flusso dell'aria che scorre fra i due convogli risulta dotato di una pressione più bassa. Di conseguenza la pressione dell'aria contenuta all'interno dei vagoni risulta più alta, e i finestrini vengono spinti contro le cornici all'infuori.

Infine la differenza di pressione che agisce sulle superfici opposte di un corpo entra in gioco per spiegare anche la forza che agisce su una vela e spinge la barca, come pure nello sventolare delle bandiere al vento.

Così nuota il pesce

Il principio di Bernoulli viene «impiegato» anche dagli organismi viventi e non solo dagli ingegneri aeronautici. Come detto, la forma delle ali degli aeroplani viene sagomata in modo tale da generare, grazie a Bernoulli, una pressione minore sul lato inferiore, con conseguente risucchio in alto. Applicando lo stesso concetto l'evoluzione ha reso possibile il volo degli uccelli che ha in aggiunta delle caratteristiche di sofisticazione e di adattabilità alle diverse circostanze che tuttora sfuggono alla comprensione dell'intelletto umano.

Oltre all'esempio fornito dai volatili vi è quello ancora più impressionante rappresentato dai pesci, forse i più abili utilizzatori del principio di Bernoulli. Il lunghissimo cammino dell'evoluzione ha ottimizzato la loro forma per facilitare i loro movimenti in acqua. Gli esperti ritengono che la caduta di pressione che si presenta lungo il corpo oblungo dei pesci (anch'esso sagomato come una doppia ala) coincide con la disposizione del cuore. E una pressione minore sulla cavità che contiene il cuore assicura un funzionamento più efficiente del medesimo. Una minore pressione sulle pareti del cuore infatti deve aumentare l'afflusso di sangue al medesimo.

Inoltre la forma del corpo dei pesci è tale che esiste una posizione in corrispondenza alla quale la pressione dell'acqua circostante non dipende dalla velocità del movimento ed è invece uguale alla pressione idrostatica. E quella posizione coincide esattamente con quella degli occhi del pesce. In tal modo gli occhi, che sono gli organi meno protetti e più passibili di deformazione, non sono soggetti ad alcun aumento di pressione da parte del liquido circostante a seguito dei movimenti che vi compie il pesce.

IL LANCIO DI UNA PIETRA E LE CRITICHE DEI MILITARI A GALILEO

Il lancio di una freccia, come di una pietra o di qualunque altro oggetto costituì a lungo un problema irrisolvibile nell'ambito della filosofia naturale prima di Galileo. Infatti sulla base delle schematizzazioni proposte dalla scuola aristotelica, ogni oggetto che si muove deve essere mosso da qualcos'altro che si trovi a suo stretto contatto. Come spiegare allora il moto dello «strale quando dall'arco uscì»? Come spiegare la continuazione del moto di una freccia quando questa, scoccata dall'arco, ormai non ha più contatto con lo strumento del suo lancio muovendosi a grande distanza?

Considerazioni intuitive portavano a considerare l'aria, cioè il mezzo in seno al quale avviene il moto di una freccia, come un fattore di ostacolo al moto di frecce e proiettili vari.

Ci fu invece chi pensò di salvare il punto di vista aristotelico, secondo il quale tutto ciò che si muove deve essere mosso da qualcos'altro, attribuendo addirittura all'aria un ruolo propulsore nello spingere avanti una freccia. Vi fu chi ragionò nel modo seguente: quando una freccia viene scoccata, essa è dotata di un movimento rapidissimo, e di conseguenza si crea un vuoto al di dietro della freccia. Ora la natura aborre dal vuoto, come insegna un altro antico adagio, per cui l'aria accorre subito a riempire il vuoto creatosi dietro la freccia. Così facendo l'aria spingerebbe in avanti la freccia!

Di fronte all'impasse così verificatasi nello spiegare il più quotidiano dei fenomeni, qualche commentatore pensò di ritornare a terra e di abbandonare l'idea che fosse l'aria a svolgere un ruolo propulsore di un oggetto così appuntito, sia davanti che di dietro, come appunto una freccia.

L'impeto della freccia

Si pensò allora che l'energia dell'arco tirato si tramutasse in una cosiddetta virtù, detta «impeto» che trasmessa alla freccia (e in stretto contatto con essa) fosse in grado di spingerla in avanti, fino all'esaurimento dell'impeto medesimo. Cioè l'impeto veniva immaginato come una virtù impartita alla freccia e in stretto contatto con essa, insomma, una specie di carburante invisibile.

Il cosiddetto impeto dei tardi commentatori aristotelici non era quindi affatto concepito come una vera e propria grandezza fisica quanto come una delle classiche «virtù» della tradizione aristotelica. Il grande Molière mise alla berlina le cosiddette «virtù» aristoteliche quando fece dire a un protagonista de *Il malato immaginario* che l'oppio fa dormire in quanto dotato della «virtus dormitiva».

Analogamente la freccia scoccata dall'arco acquisiva una *virtus* che era appunto quella di procedere senza essere a contatto di null'altro che l'aria.

Centinaia di anni dopo i commenti aristotelici di cui sopra, una folta schiera di storici della scienza ha ravvisato nella *virtus* dell'impeto un interessante antecedente della nozione di inerzia, successivamente formulata nell'ambito della meccanica classica. Gli studi sulle varie teorie dell'impeto, come la storia del termine medesimo, hanno alimentato a lungo una autentica industria fra i cultori di storia della scienza.

In effetti la questione dell'impeto si ripresentò agli albori della scienza moderna, all'epoca di Galileo. Con lo sviluppo e l'importanza militare decisiva delle artiglierie divenne di moda tentare almeno di descrivere il moto non delle frecce, ma delle palle dei primi cannoni. L'importanza delle artiglierie nelle vicende politico-militari dell'epoca era del resto evidente, come si incaricarono di dimostrare i francesi e Carlo VIII nella loro spedizione in Italia.

L'analisi del moto dei proietti rappresenta un vertice indiscutibile della scienza galileiana, almeno questo è il parere di una schiera di dottissimi ed eruditissimi storici della scienza, fra i quali va annoverato anche un professore italiano che riesce a farsi leggere. Ha scritto Paolo Rossi: «La quarta giornata dei *Discorsi*, che contiene l'analisi del moto dei proiettili, è una delle dimostrazioni della eccezionale qualità della scienza galileiana. In quelle pagine Galilei dimostra che la traiettoria di un proiettile è una parabola risultante dalla combinazione di due moti indipendenti e che non interferiscono l'uno con l'altro: un moto uniforme (cioè a velocità costante) in avanti secondo l'orizzontale, e un moto uniformemente accelerato (cioè con accelerazione costante e velocità crescente in modo continuo e regolare) verso il basso secondo la verticale. Da questa legge che risulta dalla combinazione del principio di inerzia con la legge della caduta libera, Galilei ricava la determinazione della velocità, altezza, gittata e quantità di moto».

Torricelli aiuta il maestro

Il verbo galileiano venne recepito dal più illustre discepolo del sommo pisano, il faentino Evangelista Torricelli, più noto come l'ideatore del barometro. Memore dei guai cui andò incontro il maestro a causa del temperamento polemico (e della linguaccia toscana), Torricelli mise ogni cura nel ripresentare i risultati ottenuti da Galileo nella forma più inattaccabile possibile. Si sforzò quindi di porre l'analisi del moto dei proiettili su una base matematica più rigorosa di quella data da Galileo, ma non riuscì con questo a schivare una polemica che suo malgrado lo contrappose ai «bombardieri». Gli ingegneri militari dell'epoca infatti rimasero parecchio stupiti quando, dopo aver fatto «diverse esperienze con il tiro di varie sorti di cannoni», avevano riscontrato come «tal teorica [cioè quella di Galilei e Torricelli, N.d.R.] così ben fondata abbi così malamente risposto alla pratica».

Gli ingegneri avevano perfettamente ragione, in quanto nella sua schematizzazione geometrica del moto dei proiettili, Galileo aveva, come al suo solito, «difalcato dagli impedimenti» trascurando la resistenza dell'aria. Questa geniale omissione gli aveva permesso di proporre una analisi adeguata del moto dei gravi in caduta libera. Anche trattando di quel problema, infatti, Galileo aveva trascurato la resistenza dell'aria, ma nel caso delle palle rotolanti su un piano inclinato, le velocità in gioco erano molto basse e quindi anche la resistenza dell'aria risultava trascurabile.

Diverso invece era il caso dei proiettili sparati da un cannone con velocità altissima. Come tutte le forze di attrito, anche la resistenza dell'aria dipende dalla velocità e nel caso dei proiettili vi dipende molto fortemente.

Investito dalle obiezioni dei bombardieri Torricelli se la cavò sostenendo che la sua (e quella di Galileo) era semplicemente una teoria matematica, e pazienza «se poi le palle di piombo, di ferro, o di pietra non si comportavano secondo le leggi galileiane».

In effetti l'ottimo Torricelli aveva altro da fare, in quanto impegnatissimo a lavorare lenti pregiatissime per telescopi e microscopi, che poi l'Eccellentissimo Granduca di Toscana provvedeva a vendere sui mercati dell'alta tecnologia al prezzo adeguato.

Il problema di una corretta descrizione teorica del moto dei proiettili dovette aspettare il Settecento per trovare una soluzione resa possibile da una analisi matematica che aveva raggiunto livelli di sofisticazione impensabili all'epoca di Galileo.

Dalla scienza all'ingegneria

Lo scontro fra Torricelli e i bombardieri rappresentò comunque un primo esempio dei problemi della «penetrazione» dei risultati della ricerca scientifica nella pratica tecnica dell'ingegneria, sui quali ha scritto e meditato a lungo il grande tecnologo Pëtr L. Kapitza, Premio Nobel per la fisica del 1978. La *vnedrenie*, come Kapitza chiamava appunto la penetrazione suddetta, ha sempre rappresentato un problema sia per la scienza sia per l'industria. La Germania dell'Ottocento riuscì brillantemente a risolverlo, ponendosi alla punta avanzata sia della scienza che della produzione.

Per quanto concerneva invece l'URSS di Stalin, Kapitza riteneva che l'inserimento dei risultati scientifici nelle linee della produzione industriale sovietica fosse del tutto inesistente. Se avesse potuto assistere alla caduta dell'URSS, avvenuta pochi anni dopo la sua scomparsa, Kapitza l'avrebbe certamente imputata alla troppo scarsa *vnedrenie*.

PERCHÉ IL GHIACCIO A 0°C NON AUMENTA LA SUA TEMPERATURA E I CAMPI DI NEVE FORMANO LE BUCHE

Se forniamo calore a del ghiaccio che si trovi a 0°C, la sua temperatura non aumenta anche se, in generale è quello che succede a tutte le sostanze quando vengono riscaldate. Per la verità se il ghiaccio si trova a 10°C sotto zero allora obbedisce alla stessa regola degli altri materiali e l'energia somministrata va ad accrescere le vibrazioni molecolari. Ma quando è a 0°C non reagisce all'iniezione di calore e la temperatura rimane costante. Ciò succede perché la maggior parte dell'energia viene utilizzata per rompere i legami fra le molecole.

Si tratta di un processo analogo a quello richiesto a un razzo per arrivare a una velocità sufficiente a farlo sfuggire dalla Terra. L'energia sprigionata dal combustibile dei vettori viene usata per rompere il legame di tipo gravitazionale, fra il pianeta e il razzo. Altrettanto, quando il ghiaccio fonde, l'energia viene impiegata per sciogliere i legami di tipo elettrico che sussistono fra le sue molecole.

I fisici della Colombia Britannica

Una volta tagliati questi legami, le molecole diventano libere di muoversi l'una rispetto all'altra, e manifestano così il comportamento di un liquido.

Il ghiaccio e la neve che si sciolgono in montagna con i primi caldi sono eventi usuali. Se si osserva la superficie di un manto nevoso che ricopre un prato illuminata e quindi riscaldata dalla luce solare vediamo che presenta sempre delle ondulazioni con avvallamenti larghi fino a un metro. Quando splende un sole forte quasi mai si osserva una superficie piatta. Un manto di neve esposto al sole dunque non sembra sciogliersi in maniera uniforme in quanto tende ad assomigliare a un campo da golf, con larghi avvallamenti al posto delle buche.

L'anomalia è stata notata da alcuni fisici dell'Università della Colombia Britannica, sulla costa canadese del Pacifico, probabilmente durante alcune gite sulle magnifiche montagne attorno a Vancouver dove si alza il celebre Garibaldi Peak.

Gli scienziati canadesi sono degli specialisti della fisica delle superfici dei semiconduttori e l'immagine delle ondulazioni dei campi di neve ha richiamato alla loro mente le immagini ingrandite delle superfici del silicio o dell'arseniuro di gallio. Lavorando al Pacific Center for Advanced Materials and Microstructures, si occupano di dispositivi di opto-elettronica e nel loro sito Internet sostengono di essere stati dei pionieri nell'impiego della luce diffusa nello studio dei fenomeni di superficie alla scala atomica. La loro spiegazione della struttura a campo da golf dei manti di neve che si sciolgono al sole ricorda alla lontana la loro specializzazione.

Essi attribuiscono infatti la formazione degli avvallamenti alla diffusione della luce sulla neve. Secondo la loro teoria, l'effetto dell'irraggiamento solare elimina alcune fluttuazioni sulla superficie della neve e ne accentua altre. Nelle depressioni con diametri piccoli, la luce diffonde sulle piccole creste provocandone la fusione. In altri termini le spiana.

Dove invece esistono depressioni più profonde, allora la luce solare tende a essere catturata e trattenuta al centro delle medesime, con il risultato che diventano ancora più profonde.

Tanta luce, tante buche

In definitiva l'effetto generale è che le depressioni piccole vengono ripianate, mentre quelle più accentuate si approfondiscono sempre di più. Questo spiegherebbe anche perché tutti gli avvallamenti del manto nevoso tendano ad avere le stesse dimensioni. Anzi, secondo quanto rivelato a un convegno della Società Americana di Fisica, vi sarebbe una sorta di minimo fisso per il valore del diametro di un avvallamento, per cui sulla superficie della neve si formano come delle coppe.

All'origine delle ondulazioni vi sarebbe innanzitutto il vento, o qualche altro agente, che genera delle piccole creste sul manto nevoso il quale si presenta in origine come una superficie uniforme, se non piatta. Poi incomincerebbe l'azione della luce del sole, che viene diffusa da questi piccoli pendii con il risultato di farne sparire alcuni oppure di scavare al centro di altri. Così nascono, appunto, le buche sui manti nevosi.

LA «PROFEZIA» DI LAVOISIER E LA LIQUEFAZIONE DEI GAS

Secondo gli schemi aristotelico-tolemaici, la Terra si trovava al centro dell'Universo, occupandone la zona al di sotto della cosiddetta «sfera» della Luna. Qui, al centro del creato, il gioco dei fenomeni naturali faceva intervenire quattro protagonisti, cioè i cosiddetti elementi naturali: l'aria, l'acqua, la terra e il fuoco.

L'aria era per definizione l'elemento aeriforme o gassoso e anzi era l'unico gas conosciuto, e in quanto tale considerato un elemento. Solo nella seconda metà del Settecento, a coronamento degli sforzi concentrati di una serie di studiosi di chimica, si scoprì che esistono altri gas oltre all'aria e ci si rese conto che l'aria stessa è una miscela composta di gas diversi, dotati di proprietà differenti. Ancora nel Settecento non era neppure in uso il termine gas, e si parlava sempre di aria o di arie. Così l'idrogeno era chiamato «aria infiammabile», l'ossigeno «aria fiammeggiante», l'azoto «aria asfissiante», l'ammoniaca «aria di lisciva» (o liviscíveggiante). Tutti i gas erano considerati insomma «arie».

La parola gas venne introdotta per indicare una intera classe di sostanze, caratterizzate da certe proprietà, solo alla fine del Settecento.

Il grande chimico francese Antoine Lavoisier (1743-1794), oltre ai gas in generale, battezzò anche la ventina di gas allora conosciuti, anche se non si limitò a fornire un contributo puramente linguistico. Si formò infatti idee chiare sui diversi stati aggregati che può avere la materia, e formulò in termini chiari la possibilità di liquefare i gas allora noti. Si lasciò anche andare a una suggestiva profezia quando scrisse: «Se si potesse trasportare la Terra in qualche regione molto fredda dell'Universo, come ad esempio l'atmosfera di Giove o di Saturno, allora l'aria o almeno alcune sue componenti, cesserebbero di essere invisibile e si trasformerebbe in liquido. Una trasformazione del genere aprirebbe la possibilità di ottenere nuovi tipi di liquido, quali oggi non immaginiamo».

Lavoisier ghigliottinato

La profezia di Lavoisier prevedeva la possibilità di liquefare i gas grazie a un abbassamento della temperatura. La testa di Lavoisier, che aveva elaborato idee così chiare, rotolò nel cesto sotto la ghigliottina nella stagione del terrore della Rivoluzione francese. Fra le colpe di Lavoisier, oltre a quella di essere un aristocratico dal «sangue impuro», come recita la *Marsigliese*, vi era anche quella di avere idee troppo precise in fatto di chimica e di fisica. Non per nulla Lavoisier era un dominatore del mondo della scienza, al pari di Pierre Simon Laplace, e in quanto tale aveva bocciato e respinto al mittente un paio di lavori scientifici (si fa per dire) il cui autore all'epoca era uno sconosciuto intellettualino di provincia, tale Jean-Paul Marat.

Per l'occasione, Lavoisier si valse della competenza di uno scienziato al di sopra delle parti (nonché al di sopra della media) come Alessandro Volta (1745-1827). Pare che anche il sommo comasco avesse ritenuto impubblicabili le cogitazioni di Marat a proposito di «calorico» e trasformazioni delle sostanze fra lo stato liquido, solido o gassoso.

A differenza di Lavoisier, Volta era però relativamente al sicuro quando l'oscuro Marat divenne uno dei più sanguinari leader della Rivoluzione e volle lavare l'onta subita col sangue, come insinuano i collezionisti di pettegolezzi vari.

La ricerca sui gas continuò con le indagini del fisico olandese Martin van Marum (1750-1837), il quale nell'anno di grazia 1792 aveva preso di mira l'ammoniaca. Voleva dimostrare che anche questo gas si comportava come l'aria, per cui sottoposto a pressione, il suo volume avrebbe dovuto diminuire in misura inversamente proporzionale, secondo la legge stabilita già nel Seicento da Robert Boyle (1627-1691) ed Edme Mariotte (1620-1684).

Van Marum comprime l'ammoniaca

Van Marum compresse l'ammoniaca in un cilindro e ne misurò la pressione, che risultò ovviamente aumentata. Procedendo a incrementare la pressione, giunse fino al valore allora sbalorditivo di 7 atmosfere. A questo punto si accorse che mentre il volume del gas continuava a diminuire, la sua pressione non aumentava più. Notò inoltre che nel recipiente contenente il gas era comparsa della ammoniaca liquida.

Lo stesso fenomeno, cioè la comparsa del liquido, non si era certo verificato con l'aria, con la quale avevano condotto i loro esperimenti gli scienziati del Seicento.

Infatti, sottoposta a pressioni paragonabili, l'aria continuava semplicemente e soltanto a comprimersi secondo la legge della proporzionalità inversa fra volume e pressione.

Con l'ammoniaca invece, già con una pressione relativamente bassa, si aveva la comparsa del liquido e, al di sopra del liquido, il vapore saturo.

Era dunque stabilito che per ottenere vapore saturo non era necessario far evaporare un liquido in un contenitore chiuso. Si poteva ottenere lo stesso risultato anche comprimendo un gas, sempre naturalmente in un contenitore chiuso.

In definitiva van Marum dimostrò che per liquefare un gas, la via del raffreddamento non era obbligatoria, ma si poteva anche ricorrere a un aumento della pressione, comprimendo quindi il gas stesso.

Nel 1822 fece il suo ingresso sulla scena il fisico francese Charles Cagniard de la Tour (1777-1859), più famoso per avere inventato la sirena nonché per le sue estese ricerche sulle vibrazioni delle corde. Spostandosi dall'acustica ai gas, pubblicò un lavoro in cui erano descritti esperimenti relativi al riscaldamento di liquidi vari, come alcool, acqua ed etere. Dapprima Cagniard aveva usato una canna da cannone, cioè un contenitore in acciaio al cui interno aveva riscaldato i suoi vari liquidi. Essendo però l'acciaio un materiale sicuramente non trasparente, non era riuscito a notare granché. Passò allora all'impiego di tubi di vetro molto spessi e poté fare qualche osservazione interessante.

Intanto con l'aumentare della temperatura, il livello del liquido nel recipiente in un primo tempo si abbassava leggermente, a causa evidentemente dell'evaporazione del liquido. Successivamente si innalzava, quando, in seguito al riscaldamento il liquido, incominciava a espandersi.

Quello che notò in particolare Cagniard fu che a una certa temperatura, spariva improvvisamente il confine o la linea di demarcazione ideale fra liquido e solido. Ne trasse la conclusione che al di sopra di quella temperatura di confine, per così dire, non fosse più possibile l'esistenza dello stato liquido, ma si avesse solo lo stato gassoso.

Confine tra liquido e vapore

Abbassando di nuovo la temperatura, si otteneva ancora il liquido, e Cagniard osservò il ristabilirsi del confine fra liquido e vapore per molte sostanze, quando appunto passava a raffreddare il tubo che le conteneva.

Cagniard era sostanzialmente un abilissimo sperimentatore, ma chi comprese a fondo il senso dei suoi esperimenti fu un altro sperimentatore, la cui mente ribolliva di idee teoriche a dir poco geniali, come il semianalfabeta Michael Faraday. Questi capì che per ottenere la liquefazione di un gas, non bastava comprimerlo, ma bisognava anche raffreddarlo.

Egli incominciò innanzitutto a liquefare il cloro nel 1823, ma poi abbandonò per un certo periodo il campo. Tornò alla liquefazione dei gas nel 1844, e sia raffreddando sia aumentando la pressione, Faraday riuscì a liquefare l'idrogeno solforato, il biossido di carbonio e l'anidride solforica. Alcuni gas, come l'ossigeno, l'azoto e l'idrogeno però, si rifiutavano ostinatamente di diventare liquidi anche se venivano sottoposti a pressioni di 3000 atmosfere. Gli sperimentatori si rassegnarono a considerarli come gas «permanenti».

L'idea che si fece Faraday fu inoltre che, per ogni sostanza esistesse una temperatura tale che al di sopra di essa potesse esistere solo allo stato gassoso. Alla stessa conclusione arrivò anche il chimico russo Dmitrij Ivanovič Mendeleev (1834-1907) attorno al 1860, il quale introdusse il concetto di punto assoluto di ebollizione proprio per quella temperatura limite, differente per le diverse sostanze.

Però la storia non finiva qui perché nel 1869 vennero pubblicati i risultati di lunghe ricerche condotte dal fisico e chimico scozzese Thomas Endrews (1813-1885). Questi, in sostanza, aveva studiato il comportamento dei vari gas sottoponendoli a diminuzione di volume e ad aumenti di pressione, così come già aveva fatto van Marum. In più, rispetto all'olandese, lo scozzese eseguì i suoi esperimenti a diverse temperature. Stabilì l'esistenza di una temperatura critica alla quale avviene la scomparsa del confine fra liquido e vapore. Al di sopra di quella temperatura, una determinata sostanza non può esistere allo stato liquido. Inoltre se la temperatura di un gas è superiore a quella critica, per ottenere la liquefazione è necessario il raffreddamento.

Temperatura critica

In sintesi, per temperature inferiori alla temperatura critica, un gas può essere liquefatto se sottoposto a sufficiente pressione. Mentre invece al di sopra della temperatura critica, non c'è modo di convincere un gas a diventare liquido anche se si esercita una fortissima pressione. Ciò che succede al di sopra della temperatura critica è che, aumentando la pressione, il gas diventa sempre più denso e gradualmente viene ad acquistare proprietà simili a quelle di un liquido, ma non si forma nessuna superficie come quelle che di solito delimitano appunto un liquido.

Come precisazione linguistica, va detto che al di sotto della sua temperatura critica, una sostanza allo stato gassoso viene chiamata correttamente vapore, mentre il termine gas viene riservato alle temperature superiori a quella critica.

Endrews, in definitiva, diede una trattazione sistematica dei passaggi fra liquido e vapore, che da allora è entrata nei libri di testo, in termini molto più generali di quelle proposte dai suoi contemporanei. In particolare dalla trattazione di Endrews divenne chiaro che non potevano esistere gas allo stato permanente, ma che con opportune operazioni di raffreddamento e di compressione era in principio possibile liquefare qualunque gas.

A quel punto l'impresa della liquefazione dei gas si diresse verso la realizzazione di temperature sempre più basse.

I gas per così dire impenitenti resistettero ancora qualche decennio. Poi incominciarono le capitolazioni. Nel 1877 vennero liquefatti l'azoto e l'ossigeno, nel 1898 fu la volta dell'idrogeno e infine nel 1908 venne liquefatto il più nobile dei gas e il più refrattario a essere maneggiato, l'elio.

Furono questi i primi trionfi di quello che oggi è diventato un ramo importantissimo delle ricerche, cioè la fisica e la tecnologia delle basse e bassissime temperature. Lavoisier sognava di incontrare liquidi sconosciuti e alle bassissime temperature ancora oggi si ricercano materiali unici, in grado di operare miracoli a livello tecnologico.

Per tornare alle temperature critiche, nella vita di ogni giorno noi consideriamo di solito come gassose, cioè come gas, quelle sostanze per le quali la temperatura dell'ambiente è molto alta rispetto appunto alla temperatura critica. Viceversa, quando la temperatura ambiente è molto più bassa della temperatura critica di una certa sostanza, allora diciamo che quella sostanza è liquida.

Per l'acqua, la temperatura critica è di circa 374°C, e, come vediamo, sulla Terra l'acqua è liquida. Su Venere invece, dove la superficie bollente del pianeta raggiunge i 480°C, non ci possono essere mari e fiumi come ci sono invece sulla Terra, anche se per ipotesi vi si dovesse trovare l'acqua.

LA LUCE RISCALDA L'ATMOSFERA

Il prisma di Newton e l'arcobaleno già studiato da Cartesio dimostrarono che la luce solare è formata da un insieme (detto spettro) di radiazioni elettromagnetiche, che hanno diverse lunghezze d'onda (o diverse frequenze). L'occhio umano percepisce queste diverse frequenze sotto forma di colori che rappresentano la luce visibile e che si estendono dal violetto al rosso. Il violetto corrisponde a una lunghezza d'onda di circa 400 nanometri, o miliardesimi di metro. Il rosso corrisponde invece a circa 700 nanometri. La regione visibile dello spettro solare è anche quella corrispondente alle lunghezze d'onda adatte per la fotosintesi, cioè al processo che permette alle piante di assorbire la luce del sole e assimilare energia.

L'insegnamento di Einstein

La regione dello spettro immediatamente al di là del limite del violetto, riguarda l'ultra-violetto, mentre al di qua del limite del rosso, si trova l'infrarosso. Come ha insegnato Einstein, il contenuto energetico della luce dipende dalla lunghezza d'onda, cioè dal suo colore. Più precisamente la luce blu, che corrisponde alla lunghezza d'onda più piccola, ha un contenuto energetico maggiore di quello della luce rossa, che corrisponde alle lunghezze d'onda più grandi. L'energia della radiazione aumenta con la frequenza, cioè con l'inverso della lunghezza d'onda.

Oltre alla benefica luce dello spettro visibile, il Sole ci invia naturalmente anche raggi ultra-violetti e raggi X, dotati di altissima energia. Già gli energetici raggi ultravioletti sono capaci di provocare danni nelle cellule degli organismi. Per una fortunata coincidenza, l'atmosfera risulta trasparente solo per la radiazione visibile. Nell'attraversare l'atmosfera infatti, la componente ultra-violetta della radiazione solare, che è nociva per gli esseri viventi, viene assorbita. Il merito dell'assorbimento va soprattutto all'ozono, che è una forma di ossigeno presente nelle regioni alte dell'atmosfera. È l'ozono, quindi, a fare da scudo alla vita delle piante e degli animali.

Il buco nell'ozono

Negli ultimi decenni, grazie alle osservazioni compiute con satelliti americani, si sono evidenziati squarci drammatici nella coltre di ozono. I colpevoli vennero individuati nei clorofluorocarburi, cioè in sostanze chimiche usate come propellenti nelle bombolette spray e impiegate nei frigoriferi domestici. I CFC vennero accusati di essere i killer dell'ozono dell'alta atmosfera e il loro uso è stato bandito.

Per quanto riguarda la radiazione che sta oltre l'altra estremità dello spettro visibile, cioè l'ultra-rosso, anche qui si delineano prospettive preoccupanti. L'atmosfera è infatti abbastanza opaca alla radiazione infrarossa. Non essendo trasparente per questo tipo di radiazione, non la riflette e neppure la trasmette. Semplicemente l'assorbe, cioè la trattiene e così facendo si riscalda.

Come detto, la radiazione visibile passa invece attraverso l'atmosfera, raggiunge la superficie terrestre e qui viene assorbita dalle piante, dal terreno e dalle acque di superficie. Venendo assorbita si trasforma in energia termica, che riscalda la superficie del pianeta e poi viene rilasciata verso lo spazio sotto forma di radiazione infrarossa poco intensa. A questo punto l'atmosfera, che sovrasta la Terra si incarica nuovamente di assorbire gran parte di questa radiazione emessa dalla superficie del pianeta in direzione dello spazio freddo esterno.

Una coperta sul pianeta

In conclusione, è come se il nostro pianeta venisse avvolto da una coperta che lo mantiene caldo. Non è esattamente la stessa cosa del vetro di una serra, comunque il fenomeno ha preso il nome di «effetto serra».

In definitiva, la Terra, riscaldata dal Sole, deve pur cedere energia termica allo spazio circostante, che è notoriamente freddissimo. Ma lo fa lentamente, in quanto questa energia da cedere deve prima attraversare tutti gli strati dell'atmosfera, dove fa pure degli incontri che rallentano ulteriormente il suo processo di dissipazione.

Vapore acqueo, anidride carbonica, più altri cosiddetti «gas serra», generati dal massiccio impiego di combustibili fossili, sono a loro volta opachi alla radiazione infrarossa. Quindi la assorbono e così facendo producono un ulteriore aumento della temperatura dell'atmosfera.

Fra le conseguenze previste dell'effetto serra, alcune sarebbero già state descritte nella prima parte della *Divina Commedia* dal Sommo Poeta. Altre avrebbero fatto la felicità di Iosif Stalin e del suo prode geofisico, Otto Jul'evič Schmidt (1891-1956), i quali sognavano già negli anni Trenta che le rotte dell'Artico diventassero facilmente percorribili.

LA LUCE FERMATA DALL'ACQUA E IL COLORE DELLE ALGHE

L'assorbimento della luce dipende dalla natura della sostanza che viene investita dalla radiazione luminosa. Le sostanze dei coloranti e dei pigmenti assorbono fortemente la luce di alcune lunghezze d'onda, mentre altre le riflettono o le trasmettono. Il colore dipende dalle frequenze riflesse.

Ad assorbire la luce sono particolarmente interessate le foglie, munite di pigmenti come le clorofille (che danno il colore verde) e i carotenoidi (che danno il colore giallo).

I carotenoidi assorbono in primo luogo i colori blu e verde, mentre riflettono il giallo e l'arancione (di qui il tipico colore delle carote). La clorofilla assorbe il rosso e il violetto e riflette il verde e il blu.

L'acqua assorbe relativamente poco la radiazione visibile proveniente dal Sole. Questo è il motivo per cui un bicchiere di acqua appare di un colore neutro, anzi risulta decisamente incolore. Nell'acqua del mare, che non è pura ma contiene sali disciolti, a una profondità di 10 metri, l'energia della radiazione visibile è già ridotta del 50%. Se poi andiamo alla profondità di 100 metri, si scende anche al 7% del valore iniziale che aveva l'energia luminosa alla superficie dell'acqua.

L'acqua assorbe preferibilmente la radiazione infrarossa, che infatti scompare quasi del tutto entro il primo metro di profondità. Vengono assorbite bene dall'acqua le lunghezze d'onda maggiori, rispetto a quelle più piccole, che invece vengono diffuse. Violetto e blu e piccole lunghezze d'onda in genere vengono fatte rimbalzare per così dire dalle molecole di acqua, e non riescono a penetrare a fondo. Al crescere della profondità, predomina su tutte le altre la componente verde della luce.

Per questa ragione, le alghe che vivono in acque profonde, hanno sviluppato dei pigmenti in più che consentono loro di fare un uso efficace della radiazione verde per l'operazione essenziale della fotosintesi. Le alghe che crescono invece in acque poco profonde, cioè vicino alla superficie del mare, sono dotate di pigmenti analoghi a quelli di cui sono munite le piante terrestri, cioè congegnati per assorbire meglio la luce blu e rossa.

A causa della scarsa visibilità nelle acque marine, delfini e balene sono stati costretti a usare mezzi di comunicazione prevalentemente acustici, imparando così a «cantare» e a fischiare per tenersi in comunicazione fra di loro.

PERCHÉ LE DONNE AFRICANE RIESCONO A PORTARE GRANDI PESI SULLA TESTA

Nei documentari che riguardano usi e costumi di alcune popolazioni dell'Africa e dell'Asia, girati fra le tribù più primitive, spesso si vedono donne che trasportano sulla loro testa pesi di enormi dimensioni. Pare che a volte riescano a portare anche dei carichi che arrivano fino al 70% del peso di un individuo. Naturalmente hanno bisogno di un aiuto da parte di qualcuno per sistemarsi il fardello sulla testa, per cui a volte si possono vedere anche due uomini che a gran fatica riescono a sollevare il peso, sistemarlo sulla testa della signora, la quale poi, una volta sistemato il tutto a dovere, procede con grazia e leggerezza.

A parte ogni critica di tipo socio-politico, ispirata dal femminismo o altro, lo strano comportamento sollecita alcune considerazioni anche in termini scientifici, o meglio di fisica applicata alla biologia.

Dispendio di energia

Gli esperti sanno che un indice del dispendio di energia da parte di un individuo è dato dalla velocità con la quale consuma ossigeno. Il consumo di un litro di ossigeno corrisponde a un certo quantitativo di energia impiegata. In esperimenti condotti con volontari, gli esperti hanno stabilito che impiegando un modo normale di trasporto (come un peso sulla schiena) il consumo di ossigeno aumenta in misura direttamente proporzionale al carico che viene trasportato. Quindi se viene trasportato un peso che raggiunge il 50% del peso del trasportatore, si ha un aumento del 50% del suo consumo energetico.

Una relazione diretta di questo genere si è appunto constatata attraverso gli esperimenti con i volontari, anche quando essi portavano pesi sulla testa, cosa che non erano mai stati abituati a fare prima. Ma attraverso le esperienze si è verificata anche l'esistenza di un'eccezione alla regola, rappresentata dalle donne africane portatrici di pesi. Infatti quando esse trasportano sulla loro testa un carico pari al 50% del peso del loro corpo, ciò comporta per loro un aumento del consumo di ossigeno non del 50%, ma solo del 30%.

Ciò significa che riescono a trasportare più peso spendendo meno energia di quella che viene normalmente impiegata in operazioni così faticose.

Gli scienziati erano quindi obbligati a constatare che la loro teoria cadeva in difetto quando si trattava delle donne africane e quindi erano costretti a riesaminare il fenomeno, osservando meglio i fatti.

Centro di gravità

Come tutti possono vedere nei documentari le donne riescono a compiere l'operazione di sollevamento e sistemazione del vaso sulla testa, senza perdere l'acqua raccolta in un fiume o nel lago e riescono pure a non fare traboccare l'acqua dal vaso mentre camminano. Ciò significa che nel movimento che compiono, cioè nel loro camminare, manca del tutto, o quasi, una componente verticale (ovvero, un'accelerazione verso l'alto). Sembra dunque che il centro di gravità della portatrice di acqua non si sposti in direzione verticale, ma quasi solo in direzione orizzontale, mantenendosi quindi alla stessa altezza.

Ora nel camminare normale, l'altezza del centro di gravità del corpo oscilla in maniera visibile. Quando facciamo un passo, puntiamo una gamba a terra e solleviamo l'altra. Quella puntata a terra è diritta e non piegata al ginocchio. Il centro di gravità del corpo si trova dunque nella posizione più bassa quando entrambe le gambe poggiano a terra, tramite i piedi. Mentre la posizione più alta del baricentro si avrà nell'istante in cui la gamba che si appoggia a terra si trova in posizione verticale.

Nel normale camminare, il centro di gravità del corpo si muove lungo l'arco di una circonferenza, che ha per raggio la lunghezza della gamba, alzandosi e abbassandosi periodicamente di qualche centimetro. Nel compiere un moto oscillatorio di questo genere, viene consumato un certo quantitativo di energia.

Risparmio energetico

Se si riuscisse a eliminare questa oscillazione lungo la verticale, riducendo il camminare a un solo spostamento in orizzontale, si realizzerebbe un risparmio energetico.

Secondo Konstantin Bogdanov, che ha trattato brevemente la questione sulla rivista scientifica russa «Kvant», in alcune popolazioni africane e asiatiche, si è sviluppato un modo di camminare che è ben diverso dalla falcata aggressiva degli europei e degli americani. Hanno cioè imparato a camminare e a muoversi mantenendo il centro di gravità del corpo a una altezza costante, o quasi. È precisamente questa abilità che consente alle donne africane di trasportare sulla testa enormi carichi, con un consumo energetico relativamente ridotto (e con un sollievo relativo).

PERCHÉ UN CAVALLO SPROFONDA NEL FANGO PIÙ VELOCEMENTE DI UN CARRO ARMATO

Un pesante trattore a cingoli non affonda in un terreno fangoso come un cavallo oppure un uomo. Eppure il trattore è molto più pesante di un cavallo e sicuramente più di un uomo. Un cavallo può sprofondare nel fango per un lungo tratto delle sue zampe, mentre la stessa cosa non succede al cingolato. Nella spiegazione di questo diverso comportamento entra in gioco la differenza fra peso e pressione.

Un oggetto infatti non entra a fondo in un terreno molle oppure in un materiale cedevole qualsiasi solo a causa della sua pesantezza. Il fattore che entra in gioco è infatti la pressione, ovvero la forza per unità di superficie, cioè il peso che si esercita alle sue estremità o sul suo supporto.

Il gioco peso-pressione

Il peso enorme di un trattore a cingoli o di un carro armato viene distribuito su di una superficie considerevole (l'esempio è tratto da un libro del divulgatore Jakov Isidorovič Perelman, che fu molto attivo ai tempi dell'URSS, quando l'industria pesante sfornava indifferentemente carri armati e trattori). Su ogni centimetro quadrato del supporto del trattore agisce un carico molto ridotto.

Se passiamo invece a considerare un cavallo, si vede che il suo peso viene distribuito su di un'area molto ridotta, che è quella dei suoi zoccoli. La pressione corrisponde allora a più di un chilogrammo per centimetro quadrato, vale a dire almeno a 10 volte più che nel caso del cingolato. È naturale dunque che il cavallo affondi nel fango molto più del trattore.

Nel considerare la differenza fra pressione e forza, bisogna infatti tenere presente la superficie alla quale viene applicata una certa forza, come appunto il peso di un oggetto.

Un rasoio come quello usato dai barbieri per tagliare i capelli esercita una grande pressione. La forza tutto sommato leggera che viene impressa dalla mano esperta del barbiere, genera una pressione equivalente a quella di centinaia di chilogrammi su un centimetro quadrato. Questo perché la leggera forza si applica alla sottile lama del rasoio che taglia il capello.

Quando ci si punge con un ago nel tentativo di cucire, la pressione esercitata su di un piccolissimo punto della pelle è molto grande (e molto dolorosa), proprio perché l'area interessata è molto piccola.

Quanto resiste il ghiaccio

A proposito della differenza fra peso e pressione, Perelman fa un ulteriore esempio, tratto dall'esperienza dei laghi e dei fiumi ghiacciati dell'estremo Nord. Supponiamo che per una serie di ragioni, un individuo sia costretto a muoversi su di una lastra di ghiaccio che ricopre una superficie di acqua, non sapendo bene se il ghiaccio sia in grado di «tenere» o meno. Nel dubbio che il ghiaccio non sia abbastanza spesso da poterci camminare sopra senza problemi, una persona esperta e prudente si mette a carponi, cioè si muove su mani e piedi, come i quadrupedi.

In una posizione del genere, il peso del corpo di un individuo non cambia. Quello che cambia è invece la superficie di supporto. Il peso dell'individuo viene distribuito su di una area maggiore. In altri termini, ogni centimetro quadrato della superficie di appoggio, cioè del ghiaccio, sopporta un carico minore. Quindi anche un lastrone più sottile può reggere il peso di una persona, purché questa non si metta a camminare, ma si muova per così dire «su quattro zampe».

Il peso che può essere sopportato da una lastra di ghiaccio dipende naturalmente dal suo spessore. Secondo l'esperienza del russo Perelman, 4 centimetri di ghiaccio sono sufficienti per permettere a un uomo di camminarvi sopra. Per consentire invece i volteggi dei pattinatori e delle pattinatrici, ci vuole un ghiaccio spesso almeno 10-12 centimetri.

COME VIAGGIANO LE ONDE E IL PRINCIPIO DI HUYGENS

Come viaggiano e si comportano le onde luminose o d'altro genere? L'enigma venne sciolto da un principio formulato dal grande fisico olandese Christiaan Huygens nel 1690, nel suo fondamentale *Traité de la lumière*. All'epoca si era già impostata nelle sue linee essenziali la meccanica dei corpi soggetti a forze, come la gravità a opera di Galileo e della sua scuola. Poi arrivò Huygens che fu seguito da Isaac Newton.

Era già stato compreso il principio di inerzia, in virtù del quale, muovendosi nello spazio libero e in assenza di forze esterne, una particella o un punto materiale si sposta in un moto rettilineo e uniforme. In definitiva questo particolare «stato di moto» si rivela altrettanto «naturale» dello stato di quiete. Mentre invece, se un corpo si muove nello spazio sotto l'influenza di forze esterne, come la gravità, allora subisce rallentamenti e accelerazioni e cambia la direzione della sua velocità. Queste idee erano già state abbastanza chiarite nel corso del Seicento, mentre invece rimanevano senza una precisa spiegazione alcune caratteristiche della propagazione delle onde, come la riflessione, la rifrazione, e l'aggiramento degli ostacoli da parte della luce, cioè quelli che oggi chiamiamo i fenomeni di diffrazione.

Per descrivere il comportamento delle onde luminose, Huygens formulò il suo principio, che è valido per ogni genere di onda, da quelle sonore alle onde sulla superficie dell'acqua. D'altronde Huygens stesso era convinto che la luce e il suono, in quanto entrambi fenomeni ondulatori, avessero molte caratteristiche in comune.

Un sasso nello stagno

L'idea basilare all'origine del famoso principio si può intuire da una semplice considerazione. Se gettiamo un sasso in uno specchio d'acqua, osserviamo che sulla superficie si formano delle onde circolari. Ora il processo per cui si propagano queste onde, allontanandosi dal punto in cui è caduto il sasso, continua anche quando il sasso ormai è arrivato al fondo dello specchio d'acqua in cui l'abbiamo gettato. Continua, cioè, anche quando ormai non c'è più la causa o l'origine della perturbazione, che ha messo in moto le prime onde. Sembra allora che a generare le onde successive siano le stesse onde, cioè quelle che si sono formate per prime.

Huygens stabilì allora che ciascun punto, il quale venga investito da una perturbazione a forma di onda, dia origine a sua volta a delle onde secondarie, ovvero delle ondine più piccole capaci di propagarsi con la stessa velocità dell'onda di partenza. Ciò spiega appunto il fatto che la luce sembra aggirare gli ostacoli, passare al di là degli spigoli, ovvero incurvarsi dopo essere passata attraverso una fessura sottile, oppure quando incontra un ostacolo.

Di fronte appunto a un ostacolo, come uno scoglio per un'onda del mare, l'onda riesce a propagarsi anche nella «zona d'ombra», cioè si diffrange.

Aggirano gli ostacoli anche le onde sonore, dato che possiamo ascoltare una conversazione che si svolge in una stanza vicina, se la porta è rimasta soltanto accostata. Allora la fessura stessa diventa sorgente di onde secondarie e ci trasmette il contenuto della conversazione che si svolge nell'altra stanza.

Il gesuita Grimaldi

La diffrazione della luce era stata notata verso la metà del Seicento dal gesuita padre Francesco Maria Grimaldi (1618-1663). Egli osservò che quando la luce del Sole penetrava in una stanza buia attraverso un piccolissimo foro ricavato in uno schermo che ricopriva la finestra, allora sulla parete opposta si formava una piccola macchia luminosa, come del resto ci si poteva aspettare. Notò però che quella macchia risultava più grossa del foro attraverso cui era penetrata la luce bianca del Sole nella stanza. E qui già cadeva in crisi il cosiddetto modello corpuscolare della luce, in virtù del quale un raggio luminoso era immaginato composto di un fiotto di particelle che si muovevano in linea retta.

Grimaldi osservò anche che i bordi della macchia luminosa sulla parete non erano netti, ma erano circondati da frange colorate.

Newton conosceva benissimo i lavori di Grimaldi e fece l'ipotesi che l'incurvamento dei raggi nella «zona d'ombra» fosse dovuto all'interazione dei corpuscoli luminosi con i bordi del foro di entrata. Se la luce fosse stata effettivamente un fenomeno di tipo ondoso, ragionava Newton, allora avrebbe dovuto piegarsi o incurvarsi di più.

Il corpuscolarista Newton non aveva in effetti tutti i torti, in quanto i fenomeni di diffrazione sono tanto più marcati quanto più piccole sono le dimensioni degli ostacoli o delle aperture che la luce incontra nel suo cammino. Diminuendo, come nel caso delle osservazioni di Grimaldi, le dimensioni del foro di entrata, ci si avvicinava in qualche misura alle lunghezze d'onda della luce visibile le quali sono straordinariamente piccole. E così si spiega come mai gli effetti di diffrazione osservati da Grimaldi fossero poco marcati.

Incidentalmente, le piccolissime lunghezze d'onda della luce visibile forniscono la ragione per cui funziona così bene l'ottica cosiddetta geometrica, basata sull'idea dei raggi di luce, intesi come traiettorie di particelle luminose.

Infatti, nelle esperienze normali, si usano schermi e aperture, che hanno dimensioni molto più grandi della lunghezza d'onda della luce visibile, e quindi presentano pochissima diffrazione o piegamento dei raggi.

L'allargamento della macchia luminosa osservata da Grimaldi si spiega sulla base del principio di Huygens, per il quale tutti i punti del foro di entrata a loro volta diventano sorgenti di onde cosiddette secondarie, come appena accennato.

Huygens applicò il suo principio alla spiegazione delle leggi geometriche della riflessione e della rifrazione, che valgono per ogni tipo di onda. Fra i suoi successi più grandi c'è l'interpretazione dell'indice di rifrazione riferito al rapporto fra la velocità di propagazione della luce nei diversi mezzi, come acqua e aria.

L'aggiunta di Fresnel

Le spiegazioni date da Huygens comunque presentavano delle falle non indifferenti. Infatti, se tutti i punti di un foro raggiunti da una perturbazione ondosa diventano a loro volta sorgenti di altre onde sferiche, allora dovrebbe formarsi anche un'onda regressiva (o diretta all'indietro), oltre a quella progressiva. Inoltre, quando la luce passa attraverso un'apertura abbastanza ampia procede senza dubbio in linea retta.

Una risposta a queste e ad altre domande venne data solo agli inizi dell'Ottocento da un estremo virtuoso dell'ottica, il fisico francese Augustin Fresnel, il quale fece un'aggiunta molto importante al principio di Huygens. Egli chiamò in gioco l'interferenza fra le onde secondarie di cui parlava Huygens. Inoltre, interpretò correttamente la natura delle onde luminose trattandole come vibrazioni trasversali e non longitudinali, come riteneva Huygens sulla base di una stretta analogia con le onde acustiche.

L'aggiunta apportata da Fresnel ebbe un'importanza

decisiva in quanto la sua riformulazione del principio di Huygens ha consentito il suo ulteriore, definitivo, inserimento nella teoria delle onde elettromagnetiche di James Maxwell.

Sulla base dell'aggiunta di Fresnel, viene stabilito che in un punto qualsiasi dello spazio, in cui si propaga la luce, la perturbazione luminosa risulta dall'azione collettiva delle sorgenti di onde secondarie, ovvero dall'interferenza delle «ondine». I calcoli precisi e complicati di Fresnel, che tenevano conto esattamente dell'interferenza delle «onde secondarie», rappresentarono un grosso passo in avanti rispetto alla pur ingegnosa spiegazione data da Huygens dell'incurvamento dei raggi luminosi.

PERCHÉ IL PARACADUTE SCENDE E TALVOLTA LA POLVERE SALE

Un paracadute è un enorme ombrello che salva le vite degli aviatori, i quali per una ragione o per l'altra sono costretti ad abbandonare il loro aereo. Più largo è l'ombrello del paracadute, maggiore è il peso che riesce a trasportare, dove il peso è necessario fra l'altro proprio per tenere teso il paracadute stesso e per non farlo rovesciare. Inoltre quanto più largo è l'ombrello, tanto più lentamente si abbasserà il paracadute in assenza di vento, e tanto più lontano si sposterà invece in presenza di vento.

Ci si può chiedere per quale ragione il paracadute se ne stia in aria sospeso per così tanto tempo prima di toccare il suolo. Intanto ci si accorge subito che è la presenza stessa dell'aria a impedire al paracadute di precipitare verticalmente come una pietra. Infatti, se non fosse per l'apertura del grande ombrello di tela, il peso cadrebbe velocemente urtando con violenza contro il suolo.

La tela che si apre in volo subito dopo il lancio del paracadutista fuori dell'aereo in effetti non fa altro che aumentare la superficie dell'oggetto che cade, formato da paracadutista più paracadute. L'apertura del paracadute non aggiunge pressoché nulla al suo peso. Più larga ed estesa è la superficie di un oggetto, più esso incontra resistenza nel suo moto attraverso l'aria.

Le evoluzioni di un paracadute ci spiegano anche come e perché le particelle di polvere vengano trascinate dall'aria. In genere si è portati a pensare che le polveri nell'atmosfera siano in grado di vagare nell'aria perché più leggere dell'aria stessa. Ma bisogna pensare che le polveri sono minuscoli pezzetti di pietra, argilla, metalli, legno, carbone e così via. Ora tutti questi materiali sono da 100 a 1000 volte più pesanti dell'aria. Infatti una pietra è circa 1500 volte più pesante, il ferro 6000 volte più pesante dell'aria, il legno solo 300 volte e così via.

Quindi un piccolissimo frammento di questi materiali solidi, oppure una goccia di liquido, dovrebbero affondare immediatamente nell'aria. In effetti le polveri cadono ma lo fanno esattamente come lo fa un paracadute.

La ragione di questo fatto va ricercata nel diverso rapporto fra la superficie e il peso, che è maggiore per le particelle di polvere rispetto agli oggetti di grandezza naturale. In altri termini, le superfici delle particelle delle polveri sono relativamente grandi per il loro peso. Prendiamo un piccolissimo frammento di polvere di piombo, che è circa un milione di volte più leggero di un proiettile. La sua superficie per unità di peso è solo 10.000 volte superiore a quella del proiettile. Di conseguenza l'aria riesce a ostacolare il moto verso il basso del frammento di polvere opponendosi con una forza che è 10.000 volte superiore a quella con la quale si oppone alla caduta di un proiettile di piombo che è un milione di volte superiore in peso.

Vediamo allora che il frammento di polvere galleggia nell'aria e cade a malapena, dato che viene trascinato via anche dal più leggero soffio di vento e spesso viene anche trascinato all'insù.

IL GIOCO DELLA RIFLESSIONE, ARCHIMEDE E L'UTILIZZAZIONE DELL'ENERGIA SOLARE

Quando la luce piove su uno specchio, su un quadro o sul volto di un'amica inizia il gioco della riflessione. Solo inseguendo questi raggi e i loro non semplici percorsi, riusciamo a scoprire il perché di cose apparentemente scontate.

Le prime conoscenze sulla riflessione risalgono almeno all'epoca di Euclide, il quale con ogni probabilità ha sistemato conoscenze acquisite in epoca precedente nel suo *Trattato di Ottica* (e siamo nel III secolo a.C.). In sostanza nel trattato euclideo si riconosce che, in un mezzo omogeneo, la luce si muove lungo linee rette. Oggi noi sappiamo che la propagazione rettilinea della luce non si verifica rigorosamente in tutte le situazioni: in qualche caso i raggi luminosi riescono, per così dire, ad aggirare gli ostacoli.

Alessandria d'Egitto

Sulla riflessione della luce propose delle idee curiose e interessanti Erone di Alessandria d'Egitto (I-II secolo), il sommo ingegnere che visse in età ellenistica. Oltre a dispositivi ingegnosi di vario genere, Erone si cimentò anche nell'impresa di costruire specchi o combinazioni di specchi, in modo da riflettere gli oggetti in maniera particolare.

In alcuni voleva addirittura che comparisse un oggetto o una persona nello stesso modo in cui la si vedeva nella realtà invece che al contrario come normalmente succede. In altri specchi tentava di far apparire l'immagine di un individuo a testa in giù.

Per gli aspetti fisici, Erone dimostrò che gli angoli di incidenza e di riflessione di un raggio di luce su uno specchio sono uguali. In particolare giustificò la legge della riflessione con il principio secondo cui la luce si muove in linea retta, ovvero seguendo il cammino più breve. L'idea sarà ripresa anche nel Settecento.

Così si muove un raggio

La legge della riflessione è dunque nota sin dall'antichità e può essere confermata da chiunque, indirizzando un sottile fascio luminoso in direzione di uno specchio il quale rifletterà oltre il 95% della luce che lo investe. Il resto dell'energia luminosa incidente verrà assorbito trasformandosi in energia termica.

Uno specchio ben lavorato costituisce il mezzo ideale per verificare sperimentalmente la legge della riflessione, secondo la quale il raggio incidente e il raggio riflesso si trovano nello stesso piano della normale alla superficie riflettente nel punto di incidenza. Inoltre l'angolo compreso fra il raggio incidente e la normale è uguale all'angolo compreso fra la normale e il raggio riflesso. Con la stessa regola si comportano le palle da biliardo quando rimbalzano sulla sponda di un tavolo da gioco.

Ancora prima che esistessero i biliardi, però, la legge della riflessione, con il raggio riflesso capace di rimbalzare dalla superficie riflettente come una palla contro un muro, fece pensare che un raggio di luce fosse in sostanza una successione di palline o corpuscoli.

Quando la luce arriva su una superficie non perfettamente piana, come il piano dei libri di geometria, allora viene riflessa in molte direzioni. Un esempio classico è dato dalle rugosità della carta della pagina di un libro, che può essere letta con diverse inclinazioni del capo, proprio perché la luce viene riflessa in svariate direzioni.

La legge della riflessione è sempre valida, ma dipende dalla superficie che incontra la quale non è sempre piana. Il risultato è che si crea una «riflessione diffusa» in tutte le direzioni, grazie alla quale un oggetto qualunque può essere visto da diverse angolature.

L'occhio e il quadro

Se guardiamo un quadro, infatti, possiamo spostare la testa per ammirare questo o quel particolare. Da ogni piccola parte della superficie del quadro ci sarà un fascio di raggi riflessi in grado di raggiungere l'occhio.

Diverso è il discorso quando la superficie riflettente non è rugosa come quella di un dipinto o della pagina di un libro, ma liscia come uno specchio. Qui passiamo dalla riflessione diffusa a quella detta, appunto, speculare. Se si indirizza un sottile fascio di luce su uno specchio, la luce non viene vista finché l'occhio non si viene a trovare al posto giusto, cioè là dove la luce deve venire riflessa secondo le leggi della riflessione. Questo è sostanzialmente l'effetto che dà origine alle strane proprietà degli specchi.

Un ragionamento analogo fece Galileo quando dedusse proprio dalla osservazione della riflessione diffusa della superficie lunare, la conclusione che il nostro satellite dovesse avere una superficie accidentata. Secondo i pregiudizi culturali dell'epoca, invece, la superficie della Luna avrebbe dovuto essere perfettamente liscia, il che fu contraddetto appunto da Galileo con argomenti basati proprio sulla riflessione diffusa.

Giochi con gli specchi

Nei giochi con gli specchi eccelse come si sa, anche il sommo Archimede, personaggio attorno al quale sono fiorite molte leggende. Recentemente due fisici inglesi dell'Università di Leicester, Alan Mills e R. Clift, hanno riflettuto sul mito dei cosiddetti «specchi ustori» grazie ai quali Archimede avrebbe dato fuoco alle navi romane che assediavano la sua città natale, Siracusa. In un loro lavoro apparso sull'«European Journal of Physics», i due fisici inglesi hanno dapprima svolto precise considerazioni sull'intensità della luce del Sole e sulle caratteristiche della riflessione della luce solare da specchi piani.

Archimede incendia le navi

Secondo la leggenda, Archimede avrebbe infatti distrutto la flotta romana durante l'assedio di Siracusa nel 213 a.C., concentrando con appositi specchi i raggi solari. Insomma avrebbe realizzato la prima fornace solare della storia, mandando in fumo appunto le navi di legno dell'epoca. Oggi ovviamente si cercano di escogitare modi più pacifici dell'uso dell'energia solare, come suggerisce il Premio Nobel Carlo Rubbia che propone di utilizzare svariati chilometri quadrati di territorio siciliano per sfruttare appunto il Sole abbondante della patria di Archimede.

I due fisici inglesi hanno indagato sulla verosimiglianza dell'episodio degli «specchi ustori», facendo una stima della superficie riflettente richiesta per concentrare energia sufficiente a incendiare del legno alla distanza di 50 metri. Questa era, più o meno, la gittata delle catapulte romane, e chiaramente a distanze inferiori gli specchi di Archimede sarebbero serviti a poco. Il loro scopo sarebbe infatti stato quello di danneggiare le navi prima che queste fossero in grado di colpire a loro volta il nemico.

Mills e Clift, dopo aver analizzato la riflessione di uno specchio piano, hanno tenuto conto dei diversi angoli della luce proveniente dall'astro il quale non è un punto in cielo. Fratello Sole appare, infatti, come un disco, più comodamente osservabile all'alba e al tramonto, e già gli astronomi della Mesopotamia sapevano che il suo diametro angolare apparente è vicino al mezzo grado. Di conseguenza qualunque elemento della superficie di uno specchio illuminato dal Sole diventa una sorgente di coni di raggi divergenti. E sempre a causa di ciò, l'immagine della luce solare riflessa ha un'area sempre maggiore di quella nello specchio. Anche se si trascurano le perdite per riflessione, la radiazione riflessa ha quindi un'intensità minore di quella incidente.

Gli inglesi bocciano Archimede

Mills e Clift hanno tenuto conto di tale divergenza, come della riflettività degli specchi di bronzo eventualmente impiegati dai greco-siculi di Siracusa. Hanno messo in conto pure la latitudine del luogo per fare una stima del flusso di energia solare utilizzabile in una giornata chiara e primaverile. E hanno concluso che in quelle condizioni ci sarebbero voluti almeno 440 uomini, muniti ciascuno di uno specchio metallico di un metro quadrato per produrre solo qualche bruciacchiatura su di un'area di 1x0,5 metri di uno scafo di legno alla distanza di 50 metri. Insomma un danno lieve e rimediabile con qualche secchiata di acqua di mare. Il tutto con uno spreco elevatissimo di mezzi e di uomini, che forse avevano qualcosa di più urgente da fare che reggere degli specchi.

I due fisici inglesi concludono quindi che il mito degli specchi di Archimede era veramente tale. Alla stessa conclusione era però già pervenuto decenni prima di loro, l'eruditissimo storico della matematica greca, Sir Thomas L. Heath (*Greek Mathematics*, Dover, 1963, p. 279), ferratissimo studioso del Trinity College di Cambridge. Heath fa notare che la storia degli specchi famosi compare per iscritto solo con Luciano di Samosata, nel II secolo d.C., quindi secoli dopo l'assedio di Siracusa, che cadde appunto a opera delle truppe del generale romano Marcello nel 213 a.C. E Luciano fu il primo scrittore di fantascienza, antesignano letterario dei viaggi sulla Luna.

Rischio scottature

Mills e Clift aggiungono, però, che un gruppo di uomini più esiguo, composto all'incirca da una cinquantina di individui, armati di specchi, avrebbe potuto prendere di mira qualcuno sulla plancia di una nave, come un pilota, un ufficiale o magari anche un generale, procurandogli serie ustioni. Forse fu solo il rischio di una scottatura del genere a fare indietreggiare il generale Marcello, in occasione dell'attacco navale che scagliò contro Siracusa nel 213 a.C. Più probabile, comunque, che quell'attacco sia fallito grazie all'ingegneria meccanica delle catapulte piuttosto che in virtù della tecnologia solare dell'epoca. In fatto di leve e di pesi, Archimede era il maggior esperto e sarebbe stato benissimo in grado di introdurre migliorie in una tecnologia come quella della armi tradizionali, già sviluppata e solida.

Una resurrezione della tecnologia solare attribuita ad Archimede si è avuta nel Duemila in Italia grazie al Piano strategico per lo sviluppo di un solare termo-elettrico su larga scala, promosso dall'ENEA e dal suo Presidente, Carlo Rubbia. Scrive il Premio Nobel: «Le tecnologie di produzione termo-elettrica a partire da concentratori dei raggi solari come specchi parabolici lineari, torri solari e concentratori parabolici indipendenti, permettono di convertire l'energia solare efficientemente (fino al 30%) in energia elettrica con un minimo di impatto ambientale e senza l'uso di combustibili importati. La tecnologia si basa sulla produzione di alte temperature (circa 850°C) utilizzando semplici ed economici specchi per concentrare la luce solare fino a 5000 volte l'intensità naturale. Il calore così prodotto è un eccellente sostituto della fiamma dei combustibili fossili, ed in particolare può essere utilizzato per produrre energia elettrica. Un aspetto importante è la possibilità di accumulo: il calore prodotto può essere utilizzato per riscaldare un mezzo, dal quale si estrae al momento opportuno calore per produrre energia elettrica».

Rubbia e il Sole

Come viene spiegato nel sito Web dell'ENEA: «Per radiazione solare diretta si intende la radiazione solare che giunge al suolo senza subire diffusione da parte dell'atmosfera e quindi costituita da raggi pressoché paralleli (l'apertura angolare del sole è inferiore a 1°). Tali raggi solari sono concentrabili grazie a specchi o lenti ad un livello tale che sarebbe possibile almeno teoricamente raggiungere nel punto focale temperature vicine a quelle della superficie emittente del Sole (5000°C)».

I dispositivi che dipendono dai raggi solari diretti sono destinati a regioni con grande insolazione diretta. Al massimo dell'intensità e in condizioni ottimali l'energia direttamente depositata dal Sole sulla superficie della terra è all'incirca 1 kWatt per metro quadro. In locazioni favorevoli è possibile raccogliere annualmente circa 2000 kWh da ogni metro quadrato di superficie, cioè l'equivalente energetico di 1,5 barili di petrolio per metro quadrato.

Di qui la proposta di Carlo Rubbia per un'utilizzazione intensa del solare termico concentrato, utile per ridurre drasticamente l'eccessiva dipendenza energetica esterna del nostro Paese. Il Premio Nobel Rubbia pensa a una superficie incolta, equivalente a un quadrato di 20 o 30 chilometri di lato, in cui collocare i collettori di luce solare. Con un tale progetto, verrebbe rivoluzionato il ruolo del Mezzogiorno, che diverrebbe il motore energetico per l'economia del Paese.

LA RIFRAZIONE E LA NASCITA DELLE FIBRE OTTICHE

Già ai tempi di Euclide erano noti alcuni effetti legati alla rifrazione. Se poniamo un oggetto al fondo di un recipiente vuoto, esso torna a essere visibile al di fuori dell'orlo del recipiente quando vi viene versata dell'acqua.

Il sommo astronomo Claudio Tolomeo (II secolo), eseguì i primi tentativi per una teoria della rifrazione. Le conoscenze in materia rimasero al livello in cui le lasciò Tolomeo per circa 1500 anni e un decisivo passo in avanti venne compiuto solo nel Seicento con il matematico e filosofo Cartesio, il quale arrivò a formulare la vera legge della rifrazione. Essa dice che un raggio trasmesso si trova nello stesso piano del raggio incidente e della normale al punto di incidenza, mentre è costante il rapporto fra i seni degli angoli di incidenza e di rifrazione.

Spiegazioni strampalate di Cartesio

Cartesio non si trattenne dal dare un'interpretazione nobilmente strampalata del perché la luce devia dal cammino retto nel passare da un mezzo come l'aria all'acqua. Prontamente un suo contemporaneo e antagonista, il magistrato Pierre de Fermat (1601-1665), si incaricò di confutarlo. Fermat rispolverò l'antica idea di Erone di Alessandria, secondo la quale la Natura sbriga le sue faccende in modo da venire a capo di tutte le resistenze quanto prima possibile.

Fermat, il magistrato di Tolosa

Il magistrato di Tolosa, cioè Fermat, diede allora una giustificazione matematica della legge della rifrazione, che il Premio Nobel Richard Feynman (1918-1988) ha parafrasato in termini spiaggistici. Ha paragonato cioè la situazione di un raggio di luce che passa dall'aria all'acqua a quella di un bagnino, che sente le grida di aiuto di una avvenente bagnante che sta affogando. Per correre prontamente in suo aiuto, il bagnino deve scegliere il percorso che gli permetta di minimizzare i tempi dell'operazione di soccorso. Naturalmente la velocità del bagnino è superiore quando si muove sulla spiaggia rispetto a quando nuota.

Di conseguenza il bagnino non si muoverà in linea retta verso la bagnante, ma dovrà per così dire negoziare un percorso di compromesso fra un cammino che prevede un massimo di spostamento a piedi a un altro che prevede un massimo di percorso a nuoto. Entrambi i tipi di percorso non sono tali da minimizzare i tempi, mentre il tempo sarà minimo in corrispondenza della scelta di un percorso intermedio.

La luce cambia velocità

La rifrazione si verifica perché la velocità della luce nei mezzi materiali trasparenti è minore della velocità della luce nel vuoto, cioè della velocità universale di 300.000 chilometri al secondo. Nell'aria la velocità della luce è leggermente inferiore, nel vetro cala fino a 200.000 chilometri al secondo, mentre nel diamante la luce è ancora più lenta muovendosi a soli 125.000 chilometri al secondo. Questo rallentamento provoca la deviazione della luce dal percorso rettilineo quando passa dall'aria all'acqua. Le onde luminose vibrano sempre alla stessa frequenza nei due mezzi, ma sono più vicine fra di loro nei materiali più densi, dove la luce si muove più lentamente.

Quando la luce passa dall'aria al vetro, si piega nel vetro avvicinandosi alla normale nel punto di incidenza. Quando invece percorre il cammino inverso e si muove dal vetro (o dall'acqua) all'aria, si piega nella direzione opposta, allontanandosi dalla normale e avvicinandosi invece alla superficie del vetro (o dell'acqua). Con un particolare angolo di incidenza la luce emerge dal materiale più denso (vetro o acqua) quasi parallela, cioè in direzione radente alla superficie del materiale stesso. Questo angolo particolare viene detto angolo critico.

La luce nelle fibre ottiche

Infatti quando l'incidenza della luce supera questo angolo, il raggio luminoso non riesce più a emergere al di fuori, ma viene riflesso all'interno del vetro (o dell'acqua). La luce, cioè, viene intrappolata nel materiale e subisce il fenomeno che i dotti chiamano «riflessione totale interna». Se si indirizza un fascio di luce attraverso un tubicino di vetro o un getto d'acqua, la riflessione totale mantiene la luce all'interno del vetro o dell'acqua. Questo effetto di guida della luce si trova alla base della odierna tecnologia delle fibre ottiche.

Secondo Jeff Hecht, il tecnologo-giornalista specializzato in fibre ottiche, l'antenato delle guide d'onda fu il fisico Daniel Colladon (1802-1891), professore all'Università di Ginevra. Come spesso succede, le scoperte avvengono in cascata, Colladon voleva istruire e meravigliare la sua audience mostrando il fluire dei fluidi attraverso vari fori e il rompersi dei getti d'acqua, come erano stati osservati dal fisico francese Félix Savart (1791-1841). I suoi esperimenti e le sue dimostrazioni funzionavano, ma il pubblico delle sue conferenze non riusciva a vedere lo scorrere dei getti d'acqua, a causa della scarsa illuminazione disponibile alla metà del secolo scorso.

Colladon allora ebbe l'idea di raccogliere la luce del Sole trasmettendola attraverso un tubo al tavolo delle sue conferenze. Una lente focalizzava la luce attraverso il recipiente contenente acqua e lungo un getto che usciva attraverso un foro nella parte opposta. Quando i raggi di luce nell'acqua colpivano l'orlo del getto facendo un piccolo angolo, la riflessione interna totale li intrappolava dentro. Invece di propagarsi in linea retta, la luce seguiva la curva dell'acqua, il cui getto usciva dal recipiente in forma approssimativamente parabolica.

Luce sulla conferenza

Il flusso dell'acqua risultava ancora scarsamente visibile, anche se al suo interno circolava un intenso fascio di luce intrappolata. Tutte le volte che il getto d'acqua incontrava un corpo solido o un ostacolo, allora la luce contenuta nel getto scappava fuori e il punto di contatto fra acqua e ostacolo diventava luminoso. In definitiva ogni punto di rottura nella corrente di acqua generava una forte luce. Colladon esibì il suo nuovo trucco in una serie di conferenze pubbliche. Un altro fisico di Ginevra, Auguste de la Rive (1801-1873), replicò gli esperimenti di Colladon, rimpiazzando la luce del Sole con quella di un arco elettrico. In seguito, nel secolo scorso, tale effetto venne sfruttato per realizzare spettacolari fontane con getti d'acqua luminosi in occasione di Esposizioni Universali dedicate alla celebrazione del progresso.

Per assicurarsi la priorità dell'idea Colladon inviò un rapporto al suo amico Dominique-François Arago, direttore della rivista dell'Accademia delle Scienze francese. Arago si ricordò allora che uno specialista di ottica, Jacques Babinet (1794-1872), aveva fatto qualcosa di simile a Parigi. In realtà Colladon aveva sperimentato solo con getti di acqua, mentre il Babinet, che era un ottico dell'Accademia, aveva esteso il principio della guida della luce attraverso sottili bacchette di vetro piegate. Siccome le fibre ottiche sono semplicemente delle sottilissime bacchettine di vetro, Babinet, in effetti, anticipò l'idea della moderna tecnologia delle comunicazioni.

La luce dal dentista

Pensò subito anche a una applicazione in campo dentistico, anticipando la possibiltà odierna di esplorare parti difficili del corpo umano grazie appunto alle fibre ottiche. Da esperto quale era, Babinet conosceva però i limiti della tecnologia del vetro del suo tempo. Sapeva che anche i migliori vetri non erano chiarissimi, per cui la luce non poteva andare molto lontano muovendosi al loro interno. Babinet giunse dunque alla conclusione che le guide d'onda fossero poco più che un gioco di prestigio da salotto.

UN ORDINE MATEMATICO SOTTO I CASTELLI DI SABBIA

I castelli di sabbia, che piccoli e grandi amano costruire sulla spiaggia, nascondono forse un ordine matematico sotto la loro apparente diversità di forme. Ne sono convinti fisici dell'Università di Washington a Seattle (USA), i quali sostengono che i singoli granelli di sabbia in realtà cercano sempre di disporsi in modo da formare una sfera, sia pure una sfera in uno spazio quadridimensionale.

Da anni fisici specializzati si stanno occupando delle montagnette di sabbia, simulandole in laboratorio con pile di sferette minuscole. E così sembra che si sia individuato addirittura un nuovo stato della materia, che è diventato di moda chiamare stato «granulare», il quale andrebbe ad aggiungersi ai noti stati solido, liquido, gassoso e di plasma (cioè di gas di materia ionizzata).

Uno stato granulare

Di fatto gli studi sulla materia allo stato granulare presentano svariati aspetti di interesse per una serie di settori industriali, come il farmaceutico e l'alimentare. Dall'altro lato, si evidenziano aspetti decisamente speculativi, legati ai problemi dei sistemi disordinati, croce e delizia dei fisico-chimici fin dal primo apparire delle strutture molecolari della materia.

Gerry Seidler e colleghi di Seattle hanno cercato di capire, attraverso la dinamica (o la statica) delle montagnette di sabbia sulla spiaggia almeno qualcuno dei misteri dei sistemi disordinati, come ad esempio la disposizione delle molecole nel vetro. Secondo loro deve esistere una disposizione che consenta di mettere il maggior numero di sfere (o granelli di sabbia) nel minor spazio possibile. Per arrivare allo scopo hanno fatto ricorso a un particolare tipo di sabbia, ovvero a un mucchio di 12.000 sferette di vetro. Le hanno poste in un cilindro di vetro e investite con un fascio di raggi X, riuscendo a catturare le ombre dei granellini. Prendendo una serie di altre «fotografie» con angolazioni diverse, sono riusciti quindi a ricostruire l'esatta posizione di ogni sferetta nel mucchietto di sabbia così simulato. Il problema era quello di individuare l'esistenza di un ordine o di una regolarità nella apparente casualità della disposizione dei granelli.

Granelli frustrati

Secondo Seidler e collaboratori, i granelli in questione si troverebbero in una situazione di «frustrazione», in quanto risulterebbero combattuti fra due estremi. Da un lato potrebbero infatti minimizzare la loro energia andando a formare un reticolo cubico, con un granello extra disposto al centro di ogni quadratino. Oppure quattro granelli di sabbia potrebbero ancora meglio rendere minime le loro distanze andando a formare un tetraedro. Però su larga scala i tetraedri non si adattano a formare una struttura reticolare che abbia caratteri di regolarità.

Usando una terminologia tratta dal linguaggio dei dotti, Seidler afferma che il sistema cerca di minimizzare la sua energia localmente, cioè nelle sue singole porzioni. Il sistema non riesce però a capire quale dovrebbe essere il suo stato di minima energia sotto il profilo globale. Di qui le sue frustrazioni e la causa ultima del suo comportamento disordinato. Secondo i ferrei dettami di

Madre Natura infatti, il sistema dovrebbe sempre disporsi in una configurazione alla quale corrisponde l'energia minima.

Matematica quadri-dimensionale

A questo punto, secondo Seidler e colleghi, la situazione potrebbe essere risolta facendo ricorso a una matematica di tipo quadri-dimensionale. Un insieme di tetraedri può essere adattato a formare una struttura regolare, come una superficie sferica, soltanto in uno spazio a quattro dimensioni. Ora lo spazio reale, quello dell'esperienza quotidiana, non è a quattro dimensioni. Si può tuttavia sempre pensare di dispiegare una sfera a quattro dimensioni e appiattirla su di uno spazio tridimensionale. La stessa cosa si farebbe prendendo un mappamondo e spezzettandolo, per poi stirare i singoli pezzettini su di un piano orizzontale, ricavando così una mappa piana del mondo. Naturalmente così facendo si introdurrebbero delle distorsioni.

Seidler e colleghi sono convinti che proprio alle distorsioni di questo tipo, che si verificano nel passaggio da una sfera a quattro dimensioni alla sua mappa tridimensionale, sia legato l'apparente disordine della disposizione dei granelli di sabbia.

Applicazione industriale

Le distanze misurate fra le sferette di vetro, che simulano la sabbia negli esperimenti di Seidler e colleghi, corrisponderebbero appunto a questa idea di mappa o proiezione dal mondo quadri-dimensionale a quello tridimensionale, con il conseguente passaggio da una struttura ordinata ma nascosta, a una disposizione solo apparentemente disordinata, come appunto quella dei granelli di sabbia in un castello costruito sulla spiaggia.

Seidler ama anche parlare di un Rinascimento degli studi sulla materia granulare, che in effetti è in corso nei giorni nostri. In realtà anche all'epoca del Rinascimento classico delle arti era in auge il culto delle sfere e delle forme perfette. Il problema delle simulazioni sin qui condotte in materia granulare è ora quello di scendere dall'iperuranio delle forme perfette, e passare alle proposte operative che presumibilmente si attende il mondo dell'industria.

LA SCIA DELLE NAVI, IL BOOM SUPERSONICO E GLI «ELETTRONI CANTERINI» DI ČERENKOV

Chiunque ha visto la scia lasciata da un motoscafo oppure da una nave che solca l'acqua di un lago o del mare. Questo succede quando la nave si muove più velocemente della velocità tipica delle onde di superficie, provocate dal suo moto.

Anche senza essere appassionati di ornitologia tutti si sono divertiti a guardare delle anatre o degli uccelli che volano radenti all'acqua di uno stagno. Anche in questo caso, si forma una scia sulla superficie liquida quando l'uccello si sposta più rapidamente delle onde che genera con il battito delle sue ali.

Il fenomeno si presenta sempre quando la sorgente della perturbazione ondosa (motoscafo o anatra) si muove in un mezzo materiale con una velocità superiore a quella con cui la perturbazione stessa si propaga. Allora la sorgente corre in avanti rispetto alle onde che essa stessa provoca.

Il fronte d'onda

L'accumularsi delle onde genera un «fronte d'onda» a forma di cono, che segue la sorgente da dietro. Più veloce è la sorgente, e più il fronte d'onda è piegato all'indietro.

Quando un oggetto come un proiettile o un aereo si muovono nell'atmosfera con una velocità superiore alla velocità del suono in aria, allora si dice che il loro moto è supersonico. Lungo il fronte d'onda a forma di cono, che viene generato da un aereo supersonico, l'aria è molto compressa. Questo strato d'aria in movimento ad alta pressione rappresenta la cosiddetta «onda d'urto».

Le onde d'urto generate da un aereo supersonico vengono avvertite come rapidi cambiamenti di pressione, insomma come il classico «boom». In realtà si hanno due «boom» in rapida successione, che però non vengono avvertiti come distinti, in quanto sono distanziati solo da circa un cinquantesimo di secondo. La prima onda d'urto è quella partita dalla parte anteriore dell'aereo e la seconda è quella provocata dalla coda. Il loro succedersi però è così rapido, che i due boom non si distinguono.

Mach affascina Einstein

Nello studio delle onde acustiche supersoniche si è reso illustre il fisico Ernst Mach (1838-1916), che operò fra l'Ottocento e il Novecento. Il cosiddetto numero di Mach esprime il rapporto fra la velocità di un oggetto e la velocità del suono in un gas.

Oltre che per le sue indagini di acustica, Mach divenne famoso anche per il suo pensiero filosofico, improntato a un radicalismo molto esigente, che lo portò a rifiutare teorie scientifiche costruite su ipotesi non del tutto verificate sotto il profilo sperimentale. Fra queste Mach includeva anche l'ipotesi atomica, cioè l'idea che la materia avesse struttura granulare e fosse costituita da atomi e molecole, e non da una struttura continua.

Il rigorosissimo atteggiamento filosofico di Mach affascinò all'epoca molti lettori delle sue opere a carattere storico-critico, dedicate alla analisi dei concetti della meccanica e dell'ottica. Fra coloro che rimasero colpiti dall'incorruttibile scetticismo di Mach vi fu anche il giovane Einstein. Proprio per il suo approccio radicale nei confronti dei problemi della conoscenza scientifica, il pensiero di Mach venne considerato il punto di partenza della corrente epistemologica legata al Circolo di Vienna e al cosiddetto neopositivismo.

Velocità della luce nell'acqua

Una delle più importanti scoperte del Novecento, maturate negli anni Trenta nella Russia di Stalin, ha messo in luce l'analogo elettromagnetico del boom supersonico. Si tratta del cosiddetto effetto Čerenkov, dal nome del suo scopritore Pavel Alekseevič Čerenkov (1904-1990). In sostanza questi scoprì la radiazione che viene emessa da un elettrone che si muove in un mezzo, come l'acqua, a una velocità superiore a quella della luce nell'acqua stessa. La velocità della luce nel vuoto resta sempre un limite insuperabile, almeno secondo la teoria della relatività di Einstein.

La velocità della luce nell'acqua è inferiore al valore fatidico dei 300.000 chilometri al secondo. Infatti l'acqua ha un indice di rifrazione uguale a circa 4/3, per cui la velocità con cui si propaga la luce è di circa 225.000 chilometri al secondo.

Delle particelle cariche, dotate di altissima energia, possono superare questo valore della velocità della luce in acqua, così come degli aerei possono superare la velocità con cui si propaga il suono in aria.

Analogamente alle onde supersoniche generate dagli aerei, si ha la radiazione emessa da cariche velocissime in moto nell'acqua. Si tratta della radiazione che dagli anni Trenta viene chiamata radiazione Čerenkov.

Per l'interpretazioe teorica della scoperta sperimentale fatta da Čerenkov, Il'ja M. Frank (1908-1990) e Igor Tamm hanno proposto un passo ulteriore rispetto all'elettromagnetismo classico di Maxwell. Secondo le equazioni della teoria classica formulata nella seconda metà dell'Ottocento, un carica puntiforme, come un elettrone, che si muova di moto rettilineo uniforme (e si sposti cioè lungo una retta con velocità costante e senza variazioni) non irraggia onde elettromagnetiche, cioè non emette alcuna radiazione. Con una espressione tipicamente russa, Tamm avrebbe detto che quella carica non «canta».

L'effetto azzurro di Čerenkov

Per far «cantare» una carica elettrica, è necessario sottoporla a una accelerazione, cioè frenarla, e farne variare la direzione, ovvero farla oscillare, come avviene con le cariche elettriche che sono appunto fatte oscillare nelle antenne radio.

La radiazione scoperta da Čerenkov era invece generata da elettroni che riuscivano a «cantare» pur muovendosi di moto rettilineo uniforme. Lo facevano (e lo fanno) però non nel vuoto, ma in un mezzo materiale, come l'acqua, purché la loro velocità superi la velocità della luce in acqua.

Per la scoperta e l'interpretazione del fenomeno degli «elettroni canterini», Čerenkov, Frank e Tamm ottennero insieme il Premio Nobel per la Fisica del 1958. Furono i primi fisici sovietici a essere insigniti dell'ambito premio.

Un tempo già lontano, schiere di scolaretti... dell'URSS venivano portati a visitare le enormi centrali elettronucleari, dove nelle piscine dei reattori potevano ammirare una tipica luce azzurrina. Era la radiazione Čerenkov, generata dai frammenti della fissione nucleare, che si muovevano nell'acqua impiegata per il raffreddamento ad altissima velocità.

LA SPINTA DI ARCHIMEDE E L'UOVO (BUONO) CHE AFFONDA

La spinta di Archimede è quella che avverte ogni corpo immerso in un fluido. Come ha scritto Blaise Pascal: «... un corpo immerso nell'acqua vi si trova sostenuto come se stesse sopra un piatto di bilancia, l'altro piatto della quale sia caricato con un volume d'acqua uguale a quello del corpo».

Ognuno di noi avverte questa spinta mentre sta facendo il bagno.

L'idea durante il bagno

In effetti l'idea dell'esistenza di una forza del genere venne al sommo matematico fisico greco-siculo Archimede di Siracusa, proprio durante un bagno. Si racconta che allora scattasse di corsa fuori dalla vasca gridando la famosa parola *Eureka,* cioè «ho trovato», precipitandosi a casa per mettere nero su bianco, e dimenticando persino di rivestirsi.

Come ha scritto ancora Pascal: «sempre sulla base dello stesso principio si spiega perché un uomo che si trova nell'acqua, lungi dal venire spinto dal peso dell'acqua verso il basso, verrà invece spinto verso l'alto; ma dato che egli pesa più dell'acqua che sposta, così finisce per cadere, ma con molto minore velocità che nell'aria, perché viene ad essere controbilanciato da un volume d'acqua pari al suo, che pesa quasi quanto lui. Ché se poi pesasse proprio lo stesso, l'uomo non affonderebbe...

Per questo quando si fa il bagno in una vasca non occorre nessuna fatica per alzare un braccio finché esso è immerso; non appena però lo tiriamo fuori dall'acqua lo sentiamo molto pesante, avendo esso in tal modo perso il contrappeso che aveva quando era immerso, di un volume d'acqua pari al suo».

Incidentalmente, Archimede corse a casa per registrare l'idea che gli era venuta e che gli permise di scoprire un trucco. Il tiranno di Siracusa, Gerone, gli aveva infatti affidato la soluzione di una grana. Il sovrano voleva una corona d'oro e a tal scopo aveva fornito un certo quantitativo a un orefice. Quando la consegnò, a Gerone nacque il sospetto che l'orefice lo avesse truffato non usando tutto l'oro consegnato e che per risparmiare (e rubare) il preziosissimo metallo avesse mischiato invece dell'argento. Infatti così era accaduto e Archimede determinando la densità della corona grazie a una bilancia idrostatica, scoprì la truffa e l'orefice venne fatto decapitare dal tiranno.

Il tappo di sughero

Secondo il principio di Archimede, ogni volta che la densità di un oggetto è inferiore a quella del liquido nel quale è immerso (come nel caso di un tappo di sughero in acqua), allora insorge una spinta che fa innalzare l'oggetto verso la superficie. Tale forza è dovuta al volume di liquido che l'oggetto sposta stando immerso.

Quando l'oggetto incomincia a emergere, come il sughero appunto, il volume di liquido spostato diminuisce. Di conseguenza diminuisce pure la spinta di Archimede.

Quando tale spinta diventa uguale al peso del sughero, il tappo si ferma e galleggia, essendo in parte sommerso nell'acqua. La parte emergente dell'oggetto che galleggia dipende dalla differenza di densità fra l'oggetto e il fluido (cioè fra il sughero e l'acqua).

Se la differenza è poca, solo una piccola parte dell'oggetto immerso spunterà dall'acqua. È questo il caso del ghiaccio, che è solo poco meno denso dell'acqua, dato che la sua densità è di circa 0,9 grammi per centimetro cubo, cioè 9/10 di quella dell'acqua. Per tale ragione, dalla superficie del mare emerge la classica punta dell'iceberg, che rappresenta appena il 10% del volume dell'iceberg stesso.

La spinta di Archimede si esercita non solo nei liquidi ma anche nei gas, come l'aria. Riempiendo un pallone con un gas a bassa densità, come idrogeno o elio, il peso dell'aria spostata può superare il peso totale del pallone e del gas in esso contenuto. Di conseguenza il pallone si alzerà in aria.

Sul principio di Archimede si basavano i dirigibili dei primi decenni del secolo scorso, come i famosi Zeppelin, orgoglio dell'industria tedesca. Il più famoso di questi, l'*Hindenburg*, venne costruito in Germania nel 1936.

Più leggero dell'aria

Dovendo essere più leggero dell'aria, l'*Hindenburg* aveva dei contenitori di gas ripieni di idrogeno. Con una densità di 0,09 chilogrammi per metro cubo. Infatti, l'idrogeno è molto più leggero dell'aria, la cui densità è di 1,29 chilogrammi per metro cubo.

I contenitori dell'*Hindenburg* racchiudevano 200.000 metri cubi di idrogeno. La massa del dirigibile, con esclusione dell'idrogeno e del carico utile, era di circa 180.000 chilogrammi. Il carico utile poteva raggiungere le 95 tonnellate.

Purtroppo l'idrogeno è un gas molto infiammabile e l'industria tedesca all'epoca fu costretta a impiegarlo perché non si era in grado di produrre sufficienti quantitativi di elio, il gas più leggero dopo l'idrogeno, ma a differenza di questo non è infiammabile, essendo un gas nobile e inerte.

L'*Hindenburg* esplose dopo una trasvolata transatlantica all'arrivo nel New Jersey, il 6 maggio 1937 e nell'immane rogo rimasero uccise ben 36 persone.

Quell'incidente ebbe devastanti conseguenze anche psicologiche, paragonabili a quelle provocate dall'incidente di Chernobyl, che portò a un blocco dell'industria nucleare.

Dopo il disastro dell'*Hindenburg*, si ebbe un arresto nell'impiego dei dirigibili. Lo sviluppo delle comunicazioni aeree basato sul «più leggero dell'aria» subì un pesante stop e gli aerei presero il sopravvento.

Come dimostrazione casalinga del principio idrostatico di Archimede, il più famoso divulgatore scientifico dell'era sovietica, Jakov Isidorovič Perelman, suggeriva il fatto seguente. Un uovo fresco affonda nell'acqua, ed è questa la prova della sua commestibilità nota anche a coloro che sono completamente ignari degli elementi di fisica scoperti in epoca greco-classica. Viceversa, se un uovo galleggia, allora vuol dire che non è più buono.

Un uovo fresco

Secondo il principio del greco di Siracusa, Archimede, un uovo fresco pesa di più dello stesso volume di acqua. Per acqua si intende l'acqua fresca normale, quella del rubinetto, che non è acqua chimicamente pura perché in essa sono disciolti dei sali. Per renderla più densa del normale si può provare ad aggiungere ulteriormente del sale. Così si prepara una soluzione abbastanza «forte» al punto che anche un uovo fresco può galleggiare. Infatti, immerso in una soluzione così salata, l'uovo risulterebbe più leggero del volume spostato. E così il principio di Archimede trionfa.

Se si vuole, regolando la densità della soluzione, si può dunque permettere all'uovo di non affondare del tutto ma impedendo anche che galleggi. In termini fisici, si direbbe che l'uovo allora rimane «sospeso» nella soluzione di acqua e sale.

In tal caso l'uovo sarebbe esattamente l'analogo di un sottomarino, che riesce a stare in acqua senza toccare il fondo, ma solo quando pesa esattamente tanto quanto l'acqua che sposta.

Per raggiungere un peso simile il sommergibile imbarca acqua dall'esterno, sistemandola in un apposito contenitore. Quando deve riemergere in superficie l'acqua è spinta fuori e il sommergibile perde così di peso. In questo modo viene sottoposto a una sufficiente spinta di Archimede da parte del fluido circostante.

DAL PLASMA AI BUCHI NERI, LE CONDIZIONI ESTREME DELLA MATERIA

Riscaldando un gas, aumenta l'energia del movimento delle molecole (o degli atomi) che lo costituiscono arrivando fino al punto che, in seguito a un urto reciproco, le molecole stesse si ionizzano, cioè perdono uno o più dei loro elettroni. In questo modo si genera quello stato della materia chiamato «plasma». Il termine è lo stesso di quello impiegato per indicare in medicina il plasma del sangue, ma per i fisici assume un significato diverso.

Fiore all'occhiello

Lev Andreevič Artsimovic (1909-1973) è stato fra i protagonisti di primo piano delle ricerche condotte sul plasma in epoca sovietica. Negli anni Cinquanta e Sessanta la scienza russo-sovietica del plasma ha rappresentato il fiore all'occhiello dell'URSS. Secondo la definizione di Artsimovič, il termine plasma si applica a un gas ionizzato, i cui atomi (in tutto o in parte considerevole) hanno perso uno o più elettroni, trasformandosi così in ioni positivi. Quindi un plasma in generale è costituito da una miscela di tre componenti, e cioè elettroni liberi (carichi negativamente), ioni positivi e atomi (o molecole) neutri.

Si tratta, quindi, di uno stato specifico della materia che per quanto estremo, è al tempo stesso il più diffuso nell'Universo. Il Sole e le stelle sono degli enormi ammassi di plasma caldo. L'atmosfera terrestre è circondata da uno strato di plasma, detto ionosfera. Al di là della ionosfera, nello spazio attorno al nostro pianeta, vi sono singolari formazioni di plasma, le cosiddette fasce di radiazione di Van Allen, dal nome dello scopritore americano che le rilevò con il primo satellite statunitense Explorer-1 lanciato nel 1958.

In ambiente terrestre, il plasma viene generato ogni volta che si ha una scarica elettrica in un gas, a partire dai fulmini per finire alle scintille e agli archi elettrici.

Artsimovič precisa che le ricerche nella fisica dei plasmi hanno avuto origine da motivazioni pratiche. All'inizio gli scienziati si interessarono ai plasmi come a conduttori specialissimi di corrente elettrica o come a sorgenti di luce.

Esplosioni nucleari

In effetti un settore di applicazioni che subito attirò l'interesse dei politici fu quello relativo alle esplosioni nucleari. Comunque, sia pure in seconda battuta, l'obiettivo dichiarato degli specialisti del plasma divenne la fusione termonucleare controllata per applicazioni civili. Nonostante gli enormi sforzi compiuti in questi decenni, l'obiettivo non è stato ancora raggiunto, anche se sono proprio i russi (ormai ex sovietici) i più decisi a perseguirlo, insieme agli europei, per mezzo di programmi di ricerca coordinati a livello internazionale.

Come abbiamo detto, il Sole e le stelle sono delle gigantesche nubi di plasma, che cercano di condensarsi sotto l'azione dell'attrazione gravitazionale. Data la loro enorme massa, la gravità che sprigionano genera una fortissima compressione in seguito alla quale, nel cuore delle stelle stesse, la temperatura cresce fino al punto da innescare reazioni termonucleari. Allora i nuclei di idrogeno si fondono fra di loro, trasformandosi in elio.

Nel processo viene liberata una enorme quantità di energia, e ciò provoca un'azione di contrasto a ogni ulteriore compressione. Si instaura allora una competizione fra la enorme forza gravitazionale e la pressione a essa contraria, dovuta alla energia irradiata dalla fornace termonucleare. A seguito di queste spinte antagoniste, le stelle si stabilizzano e bruciano tranquillamente come fa oggi Fratello Sole.

Combustibile idrogeno

In una fase successiva della evoluzione stellare però, il combustibile idrogeno incomincia a scarseggiare. Di conseguenza la compressione esercitata dalla forza di gravità prende il sopravvento. Sono stati osservati diversi stadi dell'evoluzione stellare, e in breve, alla fine di questo processo che vede prevalere le forze gravitazionali, per le stelle più massicce si presenta un drammatico trapasso fra stati estremi della materia. L'enorme pressione, infatti, fa saltare per così dire le strutture atomiche, e gli elettroni vengono come ingoiati dai nuclei. A quel punto non esistono più atomi composti da nuclei circondati dalla loro tradizionale nube elettronica, come avviene negli stati «normali» della materia. Non esistono più nemmeno mescolanze di atomi neutri, elettroni liberi e ioni positivi, come nello stato di plasma. Costretti dalla fortissima azione della gravità nel ristrettissimo volume nucleare, gli elettroni si combinano con i protoni, formando così neutroni. Si presenta allora uno stato della materia non più costituita da nuclei atomici, ma soltanto da neutroni, con una densità di miliardi di tonnellate per centimetro cubo.

È lo stato estremo della materia delle stelle di neutroni, ovvero l'anticamera dei misteri cosmologici dei buchi neri.

GLI STATI DELLA MATERIA
NON SOLO SOLIDO, LIQUIDO E GASSOSO

Secondo la teoria molecolare della materia, ogni corpo è composto da un enorme numero di molecole, le quali da una parte sono in continuo movimento, mentre dall'altra sono in interazione fra di loro (intralciandosi così a vicenda, per così dire).

Quando l'interazione, ovvero la mutua azione fra le molecole, è debole, allora esse formano un gas. Nell'opposta eventualità, quando cioè l'interazione reciproca è forte, si forma un corpo solido. Nei casi intermedi si forma invece un liquido.

Nel caso del gas, in altri termini, le molecole si muovono con grande velocità, e quasi non interagiscono fra di loro, evitando di disturbarsi. Nel caso del solido, invece, le molecole sono come costrette vicendevolmente a stare ai loro posti.

Quello dei liquidi, come accennato, è uno stato intermedio il cui studio presenta molte difficoltà anche al giorno d'oggi. Non per nulla la teoria quantistica dello stato solido e dei gas è una branca della scienza sviluppatissima, nella quale si sono mietuti parecchi Premi Nobel. Altrettanto non si può dire della teoria quantistica dei liquidi, nonostante la loro estrema importanza nei processi biologici. Le difficoltà sono dovute in primo luogo al fatto che i liquidi non sono dotati di una struttura ben definita, come i solidi, e d'altra parte le loro molecole non sono praticamente libere di muoversi nello spazio, come quelle dei gas, che sono così facilmente comprimibili.

Interazione delle molecole

Nei solidi, a dettare legge, è l'energia con cui interagiscono le molecole. Ora un qualunque sistema naturale, lasciato a se stesso, tende allo stato di minima energia. E questo minimo dell'energia corrisponde a una situazione, nella quale le molecole sono disposte secondo uno schema rigidamente periodico. Per cui, più che di un solido, bisognerebbe parlare di un cristallo.

Lo studio dei cristalli, delle loro regolarità e delle loro proprietà, è iniziato in forma sistematica nei primi decenni dell'Ottocento, nel Paese che allora deteneva la leadership scientifica, e cioè in Francia. Essendo stati oggetto di ricerche così a lungo, oggi i cristalli sono fra i più conosciuti fra i corpi solidi. Le loro proprietà risultano completamente determinate dal tipo di reticolo cristallino che li caratterizza. Esistono reticoli formati da piccoli cubi, da prismi a sei facce, da parallelepipedi e così via.

Quando un cristallo viene riscaldato, vi è una temperatura specifica in corrispondenza della quale la struttura del reticolo cristallino diventa instabile. Avviene allora la fusione del cristallo stesso.

Oltre ai cristalli vi sono altri tipi di corpi solidi. Può infatti succedere che un liquido venga raffreddato e i suoi atomi perdano di conseguenza la loro mobilità. La perdono però più rapidamente di quanto essi riescano a formare un reticolo. Non hanno quindi la possibilità di disporsi secondo una struttura regolare e non formano così un reticolo cristallino. Si potrebbe dire che in questi casi gli atomi vogliano darsi un ordine, ma non possono farlo. In realtà potrebbero riuscirci, ma sarebbe loro necessario un tempo lunghissimo.

Amorfo come il vetro

Come risultato abbiamo ancora un corpo solido, non cristallino, ma bensì amorfo, di cui un tipico esempio è il vetro. Se riscaldato, il vetro diventa gradualmente molle, e alla fine si trasforma in un liquido, senza però che ci sia una ben definita temperatura di fusione.

La solita tripartizione degli stati della materia in solido, liquido e gassoso è però un discorso che riguarda solo i corpi costituiti da molecole, che hanno una forma semplice. Per queste sostanze, le possibilità sono appunto limitate. Esistono però in natura molecole organiche (e non solo organiche) che hanno una forma molto complicata. Le sostanze composte da molecole così difficili possono permettersi di trovarsi in stati, che non sono né quello liquido e neppure quello solido. Tipico esempio sono i diffusissimi cristalli liquidi.

Una caratteristica tipica dei liquidi è che le loro proprietà sono identiche in tutte le direzioni (e per questo i dotti usano il termine isotropia). Sono identiche cioè nelle diverse direzioni spaziali sia la loro capacità di condurre calore, come pure le loro proprietà meccaniche, nonché la capacità di trasmettere onde come le onde acustiche o quelle luminose.

Circa 100 anni fa sono stati scoperti dei liquidi particolari che non presentano questo tipo di «isotropia» perfetta, com'è chiamata. Da allora ne sono stati studiati e realizzati artificialmente in numero enorme. La loro caratteristica principale sta nel fatto che in alcune direzioni presentano le proprietà di un cristallo, mentre nelle altre no, appunto perché per essi non tutte le direzioni sono uguali come invece avviene nei liquidi soliti.

Nelle prigioni del KGB

Un pioniere nello studio delle strane proprietà di questo stato della materia, tipico dei cristalli liquidi, fu il fisico russo Vsevolod K. Frederiks (1885-1944), il quale passò buona parte dei suoi ultimi anni di vita nelle prigioni del KGB. Pur avendo operato in un contesto così difficile, è riuscito a dare importanti contributi. Lo straordinario livello dei suoi lavori è stato riconosciuto esplicitamente dal fisico francese Pierre-Gilles de Gennes a cui venne assegnato il Premio Nobel del 1991 proprio per le ricerche sui materiali che si trovano in uno stato intermedio fra quello liquido e quello solido.

Un tempo l'interesse per i cristalli liquidi era una pura curiosità di laboratorio (da cui l'atteggiamento non certo amichevole del KGB nei confronti del povero Frederiks). Oggi questi stessi materiali hanno importanti e interessanti applicazioni pratiche, come i cristalli liquidi cosiddetti nematici. Si tratta di liquidi trasparenti, i quali però quando vengono sottoposti all'azione di un campo elettrico, perdono la loro trasparenza e si mettono a diffondere la luce. Di qui il loro impiego nei display degli orologi digitali. Regolando le zone di oscurità e quelle capaci di diffondere la luce, si possono appunto ottenere le immagini sui display.

Un altro stato molto diffuso nella Natura è quello cosiddetto dei gel. Anche qui troviamo all'origine lunghe molecole di polimeri, dunque non molecole semplici come nel caucciù e nella gelatina appunto. In questi particolari stati, lunghe molecole si uniscono a formare catene ramificate e reti complesse, fino a formare uno stato intermedio fra quello di una soluzione viscosa e quello di un solido elastico.

È noto agli esperti il ruolo importante svolto in Natura dalle sostanze nello stato di gel. Oggi si cerca di produrre nuovi materiali polimerici, che cercano di imitare i gel naturali, con applicazioni in campo farmacologico.

IL PRIMO PRINCIPIO DELLA TERMODINAMICA E IL FUNZIONAMENTO DELL'AUTOMOBILE

Una normale lampadina a incandescenza riceve un input di energia elettrica e la trasforma in energia termica (inutilizzata) e in energia luminosa. Perdite a parte, l'output energetico è uguale all'input. Così stabilisce il primo principio della termodinamica battezzato anche «principio della conservazione dell'energia». Esso regola le trasformazioni reciproche fra le diverse forme e manifestazioni di energia.

Il primo principio della termodinamica ha avuto una mezza dozzina di scopritori, dal medico Iulius Robert Mayer (1814-1878), al sommo fisico e fisiologo Hermann von Helmholtz (1821-1894), al virtuosissimo sperimentatore James Joule (1818-1889). Ognuno vi arrivò per vie proprie e seguendo diversi percorsi, grosso modo negli anni attorno al 1840. In breve venne stabilita, sul piano quantitativo, una sostanziale equivalenza e reciproca trasformabilità fra le diverse forme di energia che si presentano in Natura. Dall'energia cinetica o di movimento dei corpi gravi in caduta libera o dei proiettili, all'energia termica legata alle manifestazioni del calore, incluso quello generato dal passaggio della corrente elettrica nei primissimi circuiti, una vasta gamma di fenomeni venne inquadrata in un principio generale, cosa che rappresentava anche il sogno dei cosiddetti filosofi della Natura emersi in epoca romantica nell'area culturale di lingua tedesca.

Conservazione dell'energia

Il principio generale raggiunto come risultato di uno sforzo corale da parte degli scienziati aveva peraltro caratteristiche ben diverse dalle speculazioni misticheggianti dei dotti dell'epoca di Johann Wolfgang Goethe. Venivano infatti specificati i tassi di scambio, per così dire, come l'equivalente meccanico della caloria, che traducono in termini quantitativi l'idea di una generale unità di fondo fra le varie manifestazioni dell'energia.

Un fatto abbastanza curioso è che il primo principio della termodinamica, detto appunto anche principio generale della conservazione dell'energia, venne messo a fuoco almeno un paio di decenni dopo il secondo principio della termodinamica, individuato poco dopo il 1820, a ulteriore riprova del carattere estremamente intricato dei processi storici della creatività scientifica.

Per venire a tempi più recenti, il primo principio, dato il suo carattere di legge generale, può essere applicato anche al caso di una automobile, nel cui funzionamento si dispiegano diverse forme di energia. Si parte dall'energia chimica immagazzinata nel carburante, come la benzina o il gasolio immessi nel serbatoio. La combustione del carburante genera calore, che viene parzialmente trasformato in energia meccanica, la quale a sua volta viene trasmessa alle ruote. Esistono naturalmente fortissimi attriti fra le varie parti mobili interne dell'automobile e ciò porta a un aumento della loro temperatura. (Naturalmente non è da dimenticare l'attrito fra gli pneumatici e la strada, fattore questo che è essenziale per il moto del mezzo.)

Proprio a causa degli attriti, una parte dell'energia liberata dalla combustione del carburante non viene utilizzata ai fini del movimento delle ruote, ma finisce dispersa. Infatti, la caratteristica delle forze di attrito è quella di avere natura resistente (si oppongono infatti al moto in generale), nonché dissipativa.

Tenendo conto in un bilancio generale anche delle

energie disperse in virtù o per colpa delle forze dissipative si giunge a un sostanziale pareggio fra energia chimica di partenza del carburante, energia cinetica o di movimento e calore disperso. Ovvero, come si usa dire, nulla si crea e nulla si distrugge.

Gli attriti sono presenti ovunque. Se ci spostiamo a piedi o in macchina, e copriamo così una certa distanza, inevitabilmente consumiamo o la suola delle scarpe o gli pneumatici dell'auto. Navi e aerei incontrano resistenza nel loro moto, esercitata dal mezzo nel quale si spostano, cioè l'acqua o l'aria.

Corpi pesanti di masse diverse e forme differenti, lasciati liberi di cadere, impiegano tempi diversi a percorrere la stessa distanza (mentre è solo nel vuoto che impiegherebbero tempi uguali). Le oscillazioni di un pendolo si smorzano con il tempo, in quanto l'aria oppone resistenza e dissipa l'energia di movimento del peso attaccato al filo, spegnendone il moto oscillatorio. Quando un corpo pesante in caduta libera rallenta, oppure un pendolo smorza le sue oscillazioni, essi cedono parte della loro energia, che si trasforma in energia cinetica e in moto di agitazione delle molecole dell'aria, il che si traduce in un leggerissimo aumento della temperatura. Appunto in questo senso, nulla si crea e nulla si distrugge.

Le attenzioni di Lord Kelvin

I primi fenomeni di trasformazione reciproca fra le diverse manifestazioni dell'energia che attirarono l'attenzione degli studiosi, riguardarono appunto il calore generato per attrito, cioè a partire dal movimento. Le ricerche sul cosiddetto equivalente meccanico del calore partirono in particolare dalla considerazione degli attriti nei liquidi. In proposito il grande fisico e ingegnere William Thomson, futuro Lord Kelvin (1824-1907), uno dei giganti della scienza dell'Ottocento, scriveva: «Se si impone un moto rotatorio all'acqua contenuta in un recipiente, e poi si lascia il moto a se stesso, si potrà osservare che in pochi minuti essa [cioè l'acqua N.d.R.] avrà perduto ogni traccia di moto che sia avvertibile ai sensi o comunque distinguibile con altri mezzi. Eppure non è stato comunicato alcun moto ad altri oggetti materiali vicini; e sembra che l'acqua non abbia conservato alcun segno dello stato di moto in cui si trovava. Non è tollerabile la supposizione che il suo moto sia finito nel nulla; fino a quattordici anni fa [cioè fino a circa il 1840 N.d.R.], tutto ciò che la filosofia era in grado di insegnare a proposito di quella ampia classe di fenomeni naturali di cui il caso su accennato costituisce un esempio, si riduceva ad una confessione di ignoranza e ad una attesa di chiarimento».

La situazione di imbarazzante stallo ebbe termine quando Mayer e Joule, nel 1842-43, dimostrarono che il lavoro speso nell'agitare l'acqua non va in nulla, ma si trasforma in calore in virtù dell'attrito generato dentro il fluido stesso. Mayer utilizzava ancora modi espressivi che ricordavano le speculazioni della filosofia della natura germanica. Per i fisici, ormai abituati a un più rigoroso procedere, risultarono più convincenti gli esperimenti e le accuratissime misure effettuate da Joule con il famoso mulinello messo in moto all'interno di una massa di acqua da un peso in caduta. Il sommo sperimentatore britannico riuscì a fornire una cifra per il tasso di scambio fra calore ed energia meccanica, che non si discosta di molto dal valore attuale, che è di 4,184 Joules per caloria. (Il Joule è l'unità di misura dell'energia.)

I primi esperimenti di Joule

I primi esperimenti chiave di Joule riguardarono però «la produzione di calore mediante elettricità voltaica», ovvero la legge che esprime il calore generato dal passaggio della corrente attraverso una resistenza, nota oggi a tutti gli elettrotecnici insieme alla legge di Ohm. Attorno al 1847 l'allora giovanissimo ventiduenne William Thomson, riconobbe l'importanza fondamentale, come si direbbe oggi, delle esperienze di Joule e le pose alla base di un nuovo ramo della scienza, per il quale inventò egli stesso il nome di «termodinamica».

Fu anche grazie a Thomson che i risultati ottenuti da Joule divennero conosciuti ampiamente nel continente europeo. Così prima del 1850 Hermann von Helmholtz e Rudolf Clausius (1822-1888) pervennero alla formulazione della legge della conservazione dell'energia, cioè al primo principio della termodinamica. In particolare Helmholtz riuscì per primo a dare una veste matematica generale alla legge di conservazione in modo da incorporare anche i fenomeni meccanici ed elettrici, oltre al calore e all'energia meccanica. In estrema sintesi, il primo principio si enuncia con la frase: «L'energia si conserva quando si tenga conto del calore».

Per quanto remoto sia il periodo in cui venne formulato il primo principio, la sua attualità permane nei ricorrenti dibattiti di carattere politico ed economico sulle fonti di energia e sul loro utilizzo. Il fisico, ingegnere e Premio Nobel russo Pëtr L. Kapitza era particolarmente appassionato al tema dei rapporti fra fisica ed energia e scriveva: «La produzione, la trasformazione e la conservazione dell'energia sono i processi fondamentali studiati dalla fisica. La legge fondamentale, stabilita dalla fisica, è quella della conservazione dell'energia. Sulla base di questa legge è possibile prevedere le crisi globali nella produzione dell'energia stessa». Kapitza si riferiva alle previsioni sulla disponibilità di carbone, petrolio, gas naturale sul cui utilizzo si basa il funzionamento delle economie di tutti i Paesi. Lo scienziato russo si dedicò alla predicazione energetica soprattutto negli anni Settanta, quando circolavano previsioni pessimistiche sul futuro delle riserve di combustibili fossili. Il calcolo dei fabbisogni energetici delle economie domestiche come di quelle industriali viene comunque effettuato tenendo conto sia del primo che del secondo principio della termodinamica.

Il Premio Nobel Kapitza e i problemi energetici

Kapitza fa notare che entrambi questi princìpi stabiliscono altrettanti veti per le macchine del moto perpetuo, cioè per i dispositivi, sognati in tutte le epoche, che nelle intenzioni sarebbero in grado di risolvere i problemi energetici di qualunque società.

A proibire in linea di principio la realizzazione delle macchine del moto perpetuo del cosiddetto primo tipo, provvede appunto il primo principio. A causa degli attriti infatti, non esiste alcuna macchina in grado di funzionare in maniera ciclica trasformando interamente in lavoro il calore assorbito. Parte di questo lavoro andrà infatti disperso in attriti (né si riuscirà a recuperare l'energia così persa in modo da poterla trasformare in lavoro utile, ma questo secondo veto è una conseguenza appunto del secondo principio). I vari tentativi volti a realizzare macchine del moto perpetuo si sono succeduti per secoli, finché in pieno Settecento la prestigiosa Accademia delle Scienze francese rese pubblica la sua decisione di non prendere più in considerazione proposte di macchine del genere. Nonostante il tempestivo altolà degli accademici di Francia, e i veti dei due princìpi della termodinamica, non mancano ancora oggi tecnici e sognatori del moto perpetuo.

COME LE ONDE A ULTRA-SUONI VIAGGIANO NEL NOSTRO CORPO

I sonar (da *sound navigation ranging*) fanno uso di ultrasuoni per localizzare oggetti sott'acqua. La velocità del suono in acqua è conosciuta e nell'acqua di mare si aggira attorno ai 1560 metri al secondo. Si misura quindi il tempo trascorso fra l'invio di un impulso e l'eco di ritorno. Anche banchi di pesci sono individuabili in questo modo e spesso le critiche degli ambientalisti più arrabbiati si sono rivolte contro l'impiego di particolari tecniche sonar da parte della Marina americana, accusata di provocare danni alla fauna ittica, bombardandola di impulsi ultra-sonori.

Per i sonar le frequenze usate partono dai 20 kHz, che già sono oltre il limite di udibilità da parte dell'uomo, per giungere fino ai 100 kHz. L'impiego di frequenze così elevate sta nel fatto che alle lunghezze d'onda più brevi diminuisce la possibilità che l'onda venga diffratta, per cui un fascio di ultra-suoni non si disperde o si sparpaglia di meno, ma va diritto allo scopo.

Inoltre usando lunghezze d'onda piccole, si riescono a individuare oggetti anche minutissimi. Un'onda viene infatti riflessa se la sua lunghezza è più piccola delle dimensioni dell'oggetto che la riflette.

Tecniche basate sull'impiego degli echi di impulsi di ultra-suoni sono oggi impiegate in medicina, accanto ai tradizionali raggi X. La diagnostica agli ultra-suoni si basa sullo studio della riflessione che le onde subiscono attraversando l'interfaccia fra un organo e l'altro. In linea di principio si verifica qualcosa di analogo a quando si imprime una vibrazione a una corda che sia per una prima metà sottile, per poi diventare più spessa nella seconda metà. Al punto in cui cambia lo spessore della corda, l'onda incidente si suddivide i due parti: una parte viene riflessa all'indietro e un'altra parte viene trasmessa in avanti. L'intensità rispettiva della parte dell'onda che viene riflessa e di quella che invece viene trasmessa dipende dalla differenza di spessore fra le due parti della corda.

Per l'esplorazione dell'interno del corpo umano con impulsi di ultra-suoni, vengono utilizzate frequenze da 1 a 10 MHz, cioè milioni di Hertz. La velocità delle onde sonore nei tessuti del corpo umano è abbastanza vicina alla velocità del suono in acqua. Con frequenze di 1 MHz si riescono a distinguere particolari dell'ordine del millimetro. Con l'aumentare della frequenza, però, aumenta anche l'assorbimento delle onde da parte dei tessuti e diminuisce la possibilità di studiare la riflessione delle parti più interne.

Impulsi riflessi

L'intensità dell'impulso riflesso dipende dalla differenza di densità fra le sostanze che sono da una parte e dall'altra dell'interfaccia o del limite attraverso il quale viene spedito l'impulso. Si può esplorare l'addome o una vertebra, agendo appunto con un impulso e andando a vederne l'eco o studiandone con vari accorgimenti la propagazione.

L'intensità dell'impulso riflesso dipende poco invece dalla diversa velocità del suono fra le diverse parti del corpo, perché la differenza è in genere poca, che si tratti dell'occhio o di un feto, e non si scosta molto dalla media, che è come detto sui 1540 metri al secondo.

Diverso è il discorso per quanto riguarda le ossa (nelle quali il suono si trasmette alla velocità di ben 4000 metri al secondo) e l'aria (dove la velocità di trasmissione è sui 340 metri al secondo). Infatti in corrispondenza delle interfacce che riguardano ossa e polmoni, l'impulso sonoro viene quasi del tutto riflesso, e quindi non può essere usato come sonda per le parti interne.

La diagnostica agli ultra-suoni viene considerata una tecnica non invasiva che finora non ha dato controindicazioni e non presenta aspetti di pericolosità, come nel caso dei raggi X. Si tratta di uno dei metodi che vengono impiegati per visualizzare le parti interne dell'organismo e che si affianca ad altri ancora più sofisticati nell'utilizzo delle conoscenze della fisica di base.

PERCHÉ I SASSI CADONO GLI ASINI NON VOLANO E I MINISTRI SBAGLIANO

Il moto di un oggetto pesante che cade, sia esso una pietra o una mela staccatasi dal ramo di un albero, ha costituito l'oggetto di infinite speculazioni. Secondo la sistemazione del sapere data dalla scuola aristotelica, il fatto che un corpo pesante come una pietra, se lasciato libero, cada verticalmente verso il basso, era considerato semplicemente un fenomeno naturale, per il quale non era necessario andare a trovare nessuna spiegazione specifica. Del resto, come suggerisce la saggezza popolare, nessuno ha mai visto un asino volare, e neppure si è mai vista una pietra librarsi a mezz'aria.

Altrettanto naturale è sempre stato vedere la fiamma puntare verso l'alto. Infatti tutti mettono le pentole sopra il fuoco perché nessuno ha mai visto una fiamma dirigersi verso il basso.

Secondo la generale e generica spiegazione aristotelica, in definitiva una pietra cade semplicemente perché è un corpo «grave» e come tale tende a raggiungere il suo luogo naturale, che è la terra, la quale sta in basso. Analogamente la fiamma tende al suo luogo naturale, che sarebbe la sfera del fuoco, che sta in alto, oltre la «sfera» della terra, quella dell'acqua e quella dell'aria.

La spiegazione aristotelica della gravità faceva infatti ricorso allo schema delle sfere, nelle quali si distribuivano in ordine gerarchico e naturale gli elementi della terra, dell'acqua, dell'aria e del fuoco.

L'acqua della cascata

La corrente di un fiume che affronta una cascata non si libra nel vuoto, ma precipita in basso. Non rimane cioè nella sfera dell'aria, ma tende al suo luogo naturale, la sfera dell'acqua, che si trova immediatamente sopra quella della terra e degli oggetti gravi, che sono più pesanti dell'acqua.

Analogamente vediamo le bolle d'aria salire verso l'alto quando si trovano intrappolate nell'acqua. Così facendo si spostano verso il loro luogo naturale, che è la sfera dell'aria, la quale si trova sopra quella dell'acqua.

Questo era, grosso modo, lo schema riconducibile alla visione elaborata nell'ambito della cultura antica di matrice aristotelica. Come si vede, non si andava oltre i limiti di una scienza piuttosto infantile e legata alle esperienze immediate del senso comune degli uomini.

Ancora prima di Newton tutti avevano osservato che una pietra in caduta libera, accelera durante il suo movimento, ovvero la sua velocità aumenta gradatamente.

Alcuni si arrovellarono attorno a questo che sembrava un problema di principio in quanto c'era una causa costante (cioè la gravità o il peso di un oggetto) in grado di produrre un effetto variabile, cioè un'accelerazione. Anche attorno a questo interrogativo si sono addensate infinite discussioni. Inevitabile prendere in considerazione il ruolo del mezzo, cioè l'aria, nel quale avviene la caduta del grave. Vi è stato chi ha pensato a un riscaldamento dell'aria, conseguente al fatto di essere attraversata da un corpo dotato di un discreta velocità, e che questo riscaldamento fosse accompagnato da un rarefazione dell'aria medesima. In definitiva questa finiva per opporre minore resistenza al moto di caduta, che risultava dunque accelerato, cioè più veloce alla fine che non all'inizio.

In effetti, però, si intuiva che l'aria, o il mezzo attraverso il quale avviene la caduta, a causa della sua densità, costituisse un ostacolo o un impedimento al moto stesso.

Prima di Galileo

In definitiva, secondo i vari schemi escogitati in epoca pregalileiana, i corpi cadono perché sono pesanti e cadono tanto più velocemente quanto più sono pesanti.

Se lasciamo cadere allo stesso istante due sfere, rispettivamente di un chilogrammo e di 2 chilogrammi, la sfera di 2 chili toccherebbe terra per prima, mentre quella di un chilo impiegherebbe un tempo doppio. Secondo gli schemi pregalileiani, un peso doppio costituisce una causa, per così dire, doppia di caduta, e a questa corrisponderebbe un effetto doppio, cioè una velocità doppia.

La velocità di un corpo in caduta libera si pensava che fosse determinata dal suo peso, e in generale era considerata inversamente proporzionale alla densità del mezzo nel quale avviene la caduta del grave. Meno denso era il mezzo attraversato, più veloce era il moto di caduta. Chiaramente, l'acqua oppone una maggiore resistenza dell'aria alla caduta di una pietra.

Spingendo al limite questo tipo di ragionamento, nel vuoto, cioè in un mezzo a densità zero, tutti i corpi gravi avrebbero dovuto cadere con velocità infinita. Questa era considerata una assurdità e al tempo stesso un potente argomento dialettico contro l'ipotesi dell'esistenza del vuoto (naturalmente nell'epoca precedente a Galileo e Torricelli).

Fin qui abbiamo visto, in sostanza, una sintesi del sapere pregalileiano in materia di caduta dei gravi, ben delineata nel ricco volume *La nascita della scienza moderna in Europa* di Paolo Rossi (1997).

Galileo attaccò il problema della caduta dei gravi semplicemente rovesciandone l'impostazione, con una operazione che solitamente riesce solo ai geni.

Puntò, cioè, innanzitutto sulla astrazione del vuoto, la cui effettiva possibilità non era ancora stata provata sul piano sperimentale dai suoi discepoli Evangelista Torricelli e Vincenzo Viviani.

In altri termini, si sforzò di ragionare sul moto di caduta di due corpi pesanti diversi «difalcando dagli impedimenti», cioè trascurando la resistenza del mezzo, ovvero la resistenza opposta dall'aria al moto di caduta di una pietra.

Gli astronauti sulla Luna

Galileo non poteva sperimentare direttamente nel vuoto, come detto, ma effettuare solo prove e riprove, mentali e fisiche; vale a dire esperimenti reali e loro estrapolazioni al caso limite della caduta di un grave nel vuoto impiegando anche delle sostanze sempre meno dense. E concluse che i tempi di caduta di due corpi di peso differente risultavano tanto più vicini quanto più il mezzo era rarefatto. Al limite, cioè nel vuoto, i tempi di caduta per una data altezza sarebbero stati gli stessi per tutti i corpi, indipendentemente dal loro peso.

Il fatto che nel vuoto i corpi gravi cadano effettivamente con la stessa accelerazione è stato constatato direttamente dagli astronauti della missione Apollo, durante i primi soggiorni dell'uomo sulla Luna.

Il satellite naturale della Terra è praticamente privo di atmosfera, e gli astronauti hanno potuto verificare direttamente che una pietra e una piuma, lasciati cadere da una stessa altezza allo stesso istante, raggiungono il suolo lunare contemporaneamente.

Nei mezzi che offrono resistenza, come l'aria o l'acqua, l'accelerazione di caduta non si mantiene invece costante, ma diminuisce, finché, a un certo punto, è la velocità di caduta a diventare costante, cioè il moto avviene con accelerazione zero.

Recentemente il ministro della Ricerca francese, Claude Allègre, ha ripreso l'argomento del moto di caduta dei gravi, che era stato discusso secoli addietro nei famosi *Dialoghi* di Galileo. Nel corso di una trasmissione televisiva il ministro ha affermato che una boccia metallica e una palla da tennis (più grande della boccia), lasciate cadere dalla stessa altezza, giungono al suolo nello stesso istante. Si è però dimenticato di aggiungere che ciò avviene solo se si trascura la resistenza dell'aria.

Ministro sbadato

La dimenticanza del ministro ha provocato la reazione del giornale satirico «Le Canard Enchainé», il quale ha prontamente fatto presente che, se si tiene conto della resistenza dell'aria, la conclusione del ministro doveva considerarsi errata. Infatti la boccia pesante arriva prima, dato che la palla da tennis risulta più frenata dalla resistenza dell'aria.

Alla osservazione del giornale satirico, il ministro replicò con tono piccato, provocando l'intervento, sulle pagine del «Canard», nientemeno che del Premio Nobel Georges Charpak del centro ginevrino CERN. Questi si vedeva costretto a impartire al ministro una lezione galileiana sulla resistenza dell'aria e sulle velocità limite di una boccia e di una palla da tennis.

Successivamente sulla rete televisiva Europa 1, il ministro Allègre ammetteva l'errore precisando che quando un corpo è relativamente leggero, la resistenza dell'aria è importante. E questo lo si può vedere nel volteggiare delle foglie d'autunno, quando cadono dalle piante, o negli svolazzi di un foglio di carta o di una piuma. È vero che l'accelerazione di gravità è uguale per tutti i corpi e che due oggetti pesanti cadono allo stesso modo. Ma questo si verifica solo nel vuoto, o dove non è in gioco la resistenza dell'aria.

PERCHÉ E COME LE GOCCE SI FONDONO INSIEME UN RUSSO IN FUGA E L'INGEGNERIA MODERNA

Stiamo ammirando un piatto fumante contenente un ottimo brodo di pollo trasparente e notiamo sulla sua superficie delle formazioni di grasso che lo ricoprono in modo irregolare. Lasciamo perdere per un attimo l'appetito e ci divertiamo a giocare con quelle macchie, inseguendole con un cucchiaio. Cerchiamo di separarle, oppure di riunirle insieme. Allora vediamo che, sia pure lentamente, le macchie si riuniscono fino a formare un cerchio.

Altrettanto interessante da studiare è come si fondono e si uniscono fra di loro le goccioline di mercurio quando scappano da un termometro rotto. E qui bisogna fare un po' di attenzione perché il mercurio è un metallo pesante (come del resto anche l'uranio) e quindi altamente tossico.

Osservando le goccioline di mercurio, si vede come in un batter d'occhio esse si riuniscono a formare gocce più grandi. Quanto tempo ci mettono a unirsi? E da che cosa dipende il tempo che impiegano le gocce a fondersi?

Per dare una risposta a domande del genere si sono impegnati per un lungo tempo cervelli di prim'ordine. Infatti lungi dal rappresentare un ozioso passatempo sganciato dalla realtà, la risposta è invece importante per comprendere i processi fisici che sono alla base della metallurgia delle polveri preziosa nell'ingegneria moderna. Si parte da grani o nuclei di metallo, che vengono molto pressati e nel corso della lavorazione termica «sinterizzano», come si dice, formando materiali dotati di proprietà uniche.

La teoria di Frenkel

Un modello relativamente semplice di questo fenomeno venne proposto nel 1944 dal fisico sovietico Jakov Il'ič Frenkel' (1894-1952), che all'epoca si trovava «sfollato» a Kazan, a 500 chilometri a est di Mosca. Dopo l'attacco tedesco del 1941, infatti, tutti gli istituti, laboratori e centri di ricerca che facevano capo all'Accademia delle Scienze dell'URSS vennero trasferiti lontano dai teatri di guerra. In quella difficile situazione, Frenkel' elaborò la sua teoria della fusione delle gocce. La espose anche in un trattato sulla fisica dei liquidi (un settore questo tradizionalmente poco studiato) che venne pubblicato in inglese dalla Oxford University Press, date le grosse difficoltà che un libro del genere incontrava per la pubblicazione nell'URSS devastata dalla guerra.

Il trattato sui liquidi, elaborato a Kazan in condizioni difficilissime di freddo e fame è rimasto a lungo un testo insuperato in materia. Naturalmente, la teoria di Frenkel' aveva sì un interesse teorico, in quanto riguardava come detto un settore poco studiato della scienza. Aveva però anche un interesse pratico, dato che l'aviazione sovietica aveva avviato ricerche di nuovi materiali e la cosiddetta «sinterizzazione» era il procedimento impiegato per «cucinare» sostanze dalle proprietà uniche.

Per avere un'idea del lavoro pionieristico di Frenkel', torniamo a considerare la superficie libera di un liquido. Se prescindiamo dalla forza di gravità, la forma più adatta che può assumere una goccia è quella sferica. In genere, quando due o più gocce si trovano vicine l'una all'altra, conviene a loro fondersi, in quanto la superficie di una sfera grande è minore della somma delle superfici di più sferette piccole. E i liquidi tendono appunto ad avere la minima superficie libera a parità di volume e di massa.

L'energia vince l'attrito

Consideriamo due gocce che in qualche punto siano venute a contatto. Dapprima, nel punto in cui si toccano, si forma una specie di istmo, il quale incomincia a crescere, e lo fa finché non si è completata la fusione.

Frenkel' qui si basò su considerazioni generali per le quali, quando le due gocce si uniscono, nel processo si libera una certa quantità di energia, legata appunto al passaggio da una superficie sferica maggiore (quella delle due gocce separate) a quella minore (della goccia grossa finale). L'energia liberata viene spesa per vincere l'attrito viscoso che si genera nel mescolamento della sostanza delle due gocce.

Qui Frenkel' si basò su di una legge ricavata alla metà dell'Ottocento dal fisico inglese Sir George Gabriel Stokes (1819-1903), relativa appunto all'attrito viscoso. Nella formula di Stokes interveniva (e interviene) la capacità di un liquido di frenare il movimento relativo di strati adiacenti del liquido stesso.

Frenkel' trovò che tanto più velocemente si fondono le gocce, quanto maggiore è l'energia necessaria per il processo, in quanto le forze di attrito aumentano sempre con la velocità.

Lo scienziato russo trasse le sue conclusioni sulla base di considerazioni legate all'energia delle superfici libere dei liquidi, cioè ai giochi della cosiddetta tensione superficiale, oltre che alla viscosità dei liquidi delle gocce. Si poté così calcolare che per due gocce d'acqua del raggio di circa un centimetro, il tempo che mettono a fondersi è di circa un decimillesimo di secondo. Se invece consideriamo due gocce delle stesse dimensioni di un liquido molto più viscoso dell'acqua, come la glicerina, allora i tempi di fusione delle due gocce si allungano fino a diventare di un secondo.

Per diversi liquidi dunque i tempi di fusione delle gocce variano anche di molto, ma sempre in funzione della tensione superficiale e della viscosità. Quest'ultima, cioè la viscosità, presenta una forte dipendenza dalla temperatura. Quindi in conclusione i tempi di formazione delle gocce variano fortemente anche per lo stesso liquido.

QUANTO È VELOCE IL SUONO E LA VOCE DI PAPERINO

Le onde sonore sono onde di compressione e rarefazione. In altri termini, la perturbazione originaria, come la percussione di un tamburo, produce nell'aria una serie di zone alternate di alta e bassa densità. La velocità di propagazione del suono non è sempre la stessa ma dipende dal mezzo materiale in cui viene trasmesso. Come è noto, il suono non viene trasmesso nel vuoto (nello spazio gli astronauti non potrebbero parlare fra di loro) cioè quando non sono disponibili molecole in grado di scontrarsi efficacemente tra di loro. Se le molecole di una sostanza non sono vicinissime fra di loro, il suono impiega più tempo a propagarsi. Nei gas, come l'aria, le molecole sono abbastanza distanti e la velocità del suono è relativamente bassa. Al livello del mare e alla temperatura ambiente, la velocità del suono in aria è di circa 1400 chilometri all'ora.

In un liquido come l'acqua, le molecole sono molto più addensate e più vicine fra di loro, e infatti la velocità del suono in acqua raggiunge i 5300 chilometri all'ora, cioè circa 4 volte più elevata che in aria.

Nei solidi, dove il compattamento delle molecole è ancora superiore, la velocità del suono aumenta e nell'acciaio raggiunge i 21.000 chilometri all'ora.

Film western

Nei mezzi più densi dell'aria, come i liquidi appunto e i solidi, le onde sonore viaggiano con poca attenuazione e maggiore velocità. Come si vedeva nei film western, il rumore di un treno che sferragliava nella prateria veniva avvertito con anticipo dagli uomini del West appoggiando la loro testa sui binari.

La velocità di propagazione è dunque collegata alla densità, ossia alla distanza media fra le particelle o molecole che devono trasmettersi lo stato ondulatorio. Oltre che dalla densità del mezzo in cui si propaga l'onda sonora, la velocità del suono dipende anche dalla compressibilità. I liquidi e i solidi sono molto meno comprimibili dei gas, e in essi la velocità del suono risulta superiore.

Il valore della velocità dipende anche dalla temperatura, specie per i gas. Prendiamo il caso dell'aria, alla temperatura di 0°C, la velocità del suono risulta di circa 331 metri al secondo, e alla temperatura ambiente di 21°C aumenta a circa 343 metri al secondo. Con un piccolo aumento della temperatura la velocità del suono aumenta.

Se ci spostiamo in alta quota, l'aria diventa sempre più fredda, e la sua temperatura diminuisce al ritmo di circa 6,5°C al chilometro. Così arriviamo all'altezza di 10.000 metri, dove volano gli aerei di linea, al limite inferiore della stratosfera, dove troviamo una temperatura di 40°C sotto zero. In quella particolare zona dell'atmosfera, con temperature bassissime, si dovrà avere una diminuzione della velocità di propagazione del suono nell'aria.

Pressione costante

È determinante la variazione della densità di un mezzo a pressione costante. In gas leggeri come l'idrogeno o l'elio, la velocità del suono sale rapidamente rispetto all'aria. L'elio è circa 7 volte più leggero dell'aria e la velocità del suono al suo interno è circa 2,7 volte superiore. Questo fatto ha un riflesso sull'altezza del suono emesso da una canna riempita con un certo gas oppure con un altro. Lo strano effetto è spiegato magistralmente da Andrea Frova, nel suo *Fisica nella musica* (1999).

Se consideriamo il caso dell'armonica fondamentale di una canna aperta su un lato, sussistono delle relazioni fra lunghezza della canna, lunghezza d'onda e frequenza del suono emesso. In virtù di queste relazioni, una canna d'organo, costruita per avere il «la» fondamentale a 440 Hertz, lo alzerebbe a circa 1200 Hertz, se il mantice vi pompasse elio anziché aria.

Una verifica immediata si può fare parlando dopo avere inspirato una boccata di elio, che è peraltro un gas innocuo. L'elio rende la voce simile a quella di Paperino. Se si parla dopo aver inalato gas leggeri (come appunto elio o miscele di elio e ossigeno), si ha l'effetto simile a quello di un nastro fatto girare ad alta velocità, superiore a quella che normalmente gli compete.

Immersione subacquea

Come spiega Frova, non varia in questo caso la frequenza di emissione delle corde vocali. L'effetto è dovuto solo al suono, che ha maggiore velocità in un mezzo di bassa densità come l'elio, e il risultato è un innalzamento delle frequenze.

Sottolinea Frova che lo studio della voce in elio o in altri gas non è un fatto di pura curiosità. Il parlato in presenza di miscele di gas diversi dall'aria è una realtà che si incontra nei laboratori in immersione subacquea, al cui interno si mantengono atmosfere gassose artificiali, con pressioni diverse da quella normale, per ragioni mediche o di altro genere. Nelle miscele di gas realizzate in simili atmosfere artificiali, la frazione di elio può arrivare fino all'80% e la pressione fino a 5-6 atmosfere. In condizioni del genere, non si riesce più a parlare con i ricercatori all'interno del laboratorio, a causa dell'aumento delle frequenze. Si riesce a farlo solo con speciali elaboratori del parlato, che permettono di ricostruire il linguaggio normale.

IL CALCOLO DEL PESO DELLO SCHELETRO E LA FREQUENZA NEL BATTITO D'ALI DELLA ZANZARA

Oggi i miracoli della biologia molecolare stanno spodestando la fisica come disciplina scientifica perennemente sotto le luci della ribalta, e lo fanno impiegando strumentazione e teorie elaborate proprio dai fisici nei decenni scorsi, almeno a partire dagli anni Trenta del secolo scorso. Ultimamente si è sviluppato un indirizzo di studi che introducono una sorta di matematizzazione in un ambito di indagini che fino a ieri era regolato da considerazioni puramente qualitative. La matematica in gioco è abbastanza semplice e i relativi concetti sono tratti dall'esperienza quotidiana e non hanno nulla a che vedere con le più sofisticate teorie della fisica quantistica.

Sono state infatti ricavate delle espressioni matematiche e delle correlazioni quantitative fra masse e dimensioni di un certo organo del corpo e le sue caratteristiche e prestazioni. Così sono state compilate delle tabelle, che permettono di ricavare la massa dello scheletro e quella muscolare di un animale a partire dal volume del corpo dell'animale stesso. Con apposite formule si ottiene ad esempio che per un gatto del peso di 5 chilogrammi, la massa dello scheletro sarà di 0,35 chilogrammi, e rappresenterà dunque solo il 7% del peso corporeo del gatto.

La massa dell'elefante

Prendiamo invece un elefante del peso di 7 tonnellate. La massa dello scheletro dell'elefante risulterà pari a

888,6 chilogrammi. Il peso dello scheletro dell'elefante rappresenterà dunque ben il 13% del peso complessivo del pachiderma, con una percentuale doppia rispetto al gatto. Lo scheletro dell'elefante deve infatti sostenere un peso ben diverso da quello del gatto. Le ossa dell'elefante sono dunque ben più spesse di quelle del piccolo felino.

Una differenza sostanziale nello spessore delle ossa si nota analogamente fra il gatto e i grossi felini suoi cugini, come la tigre e il leone, che hanno ossa molto più spesse del gattone domestico di casa. I grossi mammiferi acquatici, come le balene, hanno uno scheletro relativamente più leggero, perché nell'acqua in cui vivono possono usufruire della spinta di Archimede, che in parte annulla il loro peso.

Altre formule permettono di calcolare la frequenza cardiaca di un uomo di 70 chilogrammi, che risulta essere di 83 battiti al minuto. Analogamente si ricava che il metabolismo basale di un uomo di 70 chilogrammi è di 2000 calorie al giorno. I calcoli così effettuati si trovano in corrispondenza con i dati sperimentali, ciò che rappresenta il marchio tipico di una scienza galileiana.

La dinamica del volo degli uccelli è talmente sofisticata che ancora non è stata del tutto compresa in termini fisico-matematici. Sono state avanzate delle ipotesi semplificatrici per incominciare ad attaccare e a comprendere il problema. La prima approssimazione che si fa è quella di paragonare il battito delle ali al battito di un pendolo. Anche il meccanismo del camminare per il bipede uomo è in prima istanza assimilabile a un moto pendolare delle gambe. È stata elaborata una procedura che ha portato a una formula approssimata che dovrebbe stare al fondamento del battito delle ali degli uccelli.

Le ali degli uccelli

A prima vista la frequenza del battito dovrebbe essere funzione del peso dell'animale, della sua apertura alare, della superficie delle ali, e naturalmente della densità dell'aria, assunta uguale a circa 1,21 chilogrammi al metro cubo al livello del mare.

Dopo diversi tentativi, basati sulla regola famosa della venerabile Accademia dei Lincei, che raccomandava di procedere «provando e riprovando», si è arrivati a concludere che la frequenza del battito alare è circa uguale alla radice quadrata del peso dell'uccello, moltiplicato per l'inverso della radice quadrata dell'apertura alare, moltiplicato ancora per l'inverso della superficie alare elevata alla potenza di 0,4, il tutto moltiplicato infine per il reciproco della radice quadrata della densità dell'aria.

Si è messa alla prova questa complicata formula nel caso della rondine americana *Tachycineta bicolor*, sapendo che ha una massa di 0,0201 chilogrammi (cioè di poco più di 20 grammi), una apertura alare di 32 centimetri e una superficie alare di 133 centimetri quadrati. La frequenza del battito alare, calcolata a partire da questi dati introdotti nella formula sopra accennata, è risultata essere di 9,6 battiti al secondo. La frequenza osservata è di circa 9 battiti al secondo e quindi l'accordo fra teoria ed esperienza si è dimostrato soddisfacente.

Stime e calcoli ancora più semplici permettono di ricavare un valore approssimato della frequenza del suono emesso da una zanzara in volo. È naturale supporre che in questo caso il suono sia generato dal battere periodico delle ali della zanzara. Anche la dinamica del volo degli insetti è complicatissima e poco compresa come quella del volo degli uccelli, ma anche qui, sulla base di drastiche semplificazioni, è possibile svolgere un calcolo corretto. Battendo le ali, la zanzara comunica un impulso all'aria circostante, che assicura una compensazione della forza di gravità che pure agisce sul piccolo insetto. Il risultato esce effettuando una stima dell'apertura alare e del volume dell'insetto, assumendo che la sua densità sia circa uguale a quella dell'acqua.

Brontolio del calabrone

Di qui si ricava poi la velocità con cui viene battuta l'ala e si arriva a una frequenza del battito che risulta essere di circa 500 Hertz, cioè di 500 battiti al secondo. Ci si ritrova dunque all'interno dell'intervallo di udibilità, che per l'uomo va dai 20 ai 20.000 Hz. La frequenza del suono ne determina l'altezza (→ Suono). Un suono acuto corrisponde a una frequenza più alta, e un suono grave corrisponde a una frequenza minore.

Dai semplici calcoli svolti nella soluzione del problema della zanzara, si ricava una formula, secondo la quale la frequenza è inversamente proporzionale alla radice quadrata della lunghezza dell'insetto. In altri termini, più l'insetto è lungo e grosso, più basso è il suono che emette. Alla frequenza dei 500 Hz si avverte il sibilo della zanzara. Calcoli più o meno analoghi applicati al calabrone, dovrebbero consentire di calcolare il brontolio del calabrone stesso, caratterizzato da frequenze decisamente più basse.

IL SECONDO PRINCIPIO DELLA TERMODINAMICA E IL FUNZIONAMENTO DELL'AUTOMOBILE

Una grossa pietra che viene lasciata cadere da un piano alto di un edificio cade al suolo. Come conseguenza dell'impatto la sua energia di movimento va a scaldare leggermente la superficie colpita. Il contrario non si è mai visto; cioè che il terreno si raffreddi spontaneamente respingendo la pietra verso l'alto. Eventualità strane e impossibili di questo genere, legate a un corso contrario degli eventi normali sarebbero compatibili con il primo principio della termodinamica. Ma non con il secondo. Il primo principio infatti impone il pareggio di bilancio nelle trasformazioni fra le varie forme di energia. Il secondo, invece, impone una vistosa «tassa» nelle trasformazioni di calore in energia meccanica.

Il francese Sadi Carnot

Il secondo principio della termodinamica venne individuato dal sommo ingegnere francese Nicolas Sadi Carnot (1796-1832) attorno al 1820. L'ingegnere apparteneva a una famiglia che ebbe un ruolo importante nelle vicende della Francia repubblicana e le sue motivazioni erano di carattere patriottico. Oggetto dei suoi studi fu il funzionamento della macchina a vapore, ovvero dell'innovazione tecnologica che aveva portato al primato tecnico-economico della Gran Bretagna, la rivale della Francia. Di fronte allo smacco subìto a opera di tecnici come James Watt (1736-1819), pressoché analfabeti dal punto di vista scientifico, la riscossa francese doveva partire da una analisi del funzionamento della macchina a vapore in termini astratti e rigorosi. Una volta giunti a una comprensione del suo funzionamento in termini scientifici, la tecnologia e con essa l'economia francese avrebbero ripreso il sopravvento sviluppandosi su basi più solide di quelle gettate dai tecnici pratici di Oltre Manica.

Fu seguendo il suo istinto patriottico che Carnot giunse a fare una scoperta di carattere fondamentale, come si direbbe oggi. Scoprì cioè che Madre Natura impone un pesante pedaggio che penalizza fortemente il rendimento di tutte le macchine volte a trasformare una data quantità di calore in lavoro meccanico.

Ovviamente la soluzione ottimale sarebbe quella di riuscire a trasformare al 100% in lavoro meccanico proprio tutta la quantità di calore che si riceve da una data sorgente. Se così fosse, non ci sarebbero problemi energetici di nessun genere e neppure ecologici. Sarebbe infatti possibile realizzare macchine ideali, in grado di estrarre calore dall'atmosfera, dal sottosuolo, dalle acque del mare, per poterlo trasformare interamente in energia meccanica. Purtroppo su questa possibilità ha messo un veto Madre Natura, in virtù del secondo principio della termodinamica.

Nessuna macchina, effettivamente realizzata oppure puramente sognata, può trasformare completamente calore in lavoro in quanto parte del calore è necessariamente non disponibile per questa operazione e deve venire scartata diventando così inutilizzabile. Nessun motore riuscirà mai a estrarre calore dal mare, avendo come unico effetto del suo funzionamento quello di raffreddare l'acqua. Ovvero, come solennemente dichiarato nella formulazione del secondo principio data da Rudolf Clausius, non è possibile il trasferimento spontaneo di calore da un corpo più freddo a uno più caldo.

Non tutto è possibile

Infatti, non tutte le trasformazioni fra le varie forme di energia sono possibili, come si sarebbe tentati di pensare con ottimismo sulla base del primo principio della termodinamica. Se consideriamo il riscaldamento di un filo mediante corrente elettrica, oppure il calore che si libera agendo su di un freno, allora siamo in presenza di un processo in cui si può in teoria raggiungere una efficienza altissima, al limite del 100%. Invece in una turbina a vapore, l'efficienza della conversione dell'energia, da termica a meccanica, viene fortemente limitata dal fatto che parte dell'energia stessa deve necessariamente essere scartata. Questa limitata efficienza delle macchine termiche, dovuta a un principio generale di Madre Natura, fu precisamente l'oggetto della scoperta veramente fondamentale fatta da Carnot.

Il problema energetico legato ai limiti di efficienza di tutte le macchine termiche è quanto mai attuale, in relazione ai problemi dell'approvvigionamento energetico. Oggi l'energia elettrica viene generata nelle centrali termiche attraverso una serie di passaggi. Prima si bruciano i combustibili fossili, trasformando così energia chimica per ottenere calore. In un secondo passo, l'energia termica viene impiegata per trasformare l'acqua in vapore. Questo è a sua volta necessario per azionare motori meccanici, che servono a mettere in movimento dei conduttori di elettricità, spingendoli a muoversi in un campo magnetico e a generare corrente elettrica.

Un reattore nucleare differisce da una centrale termica, che bruci carbone o altro combustibile fossile, unicamente per il fatto che il calore viene generato dalle reazioni nucleari. Negli impianti idroelettrici il generatore di elettricità viene azionato da una turbina ad acqua invece che da una turbina a vapore.

Energia termica e meccanica

Fra tutte queste conversioni energetiche, la più tassata da Madre Natura è quella fra energia termica e meccanica. Ciò fa sì che nonostante il grande costo delle centrali termiche, in termini di capitali, il loro rendimento sia attorno al 40%.

A questo proposito il fisico e ingegnere russo Premio Nobel Pëtr L. Kapitza fa osservare che nonostante tutti gli sforzi dispiegati dall'ingegno umano, ancora non si è riusciti a eguagliare l'éxploit sempre di Madre Natura, la quale permette che attraverso i muscoli di un essere vivente vi sia una conversione diretta fra energia chimica ed energia meccanica. L'energetica degli organismi viventi interessava molto a Kapitza, nel contesto delle problematiche legate alla produzione di energia, tanto che in un certo periodo della sua vita fu tentato dalla prospettiva di mettersi a fare ricerca proprio in questo campo sotto la guida del suo grande compatriota, Ivan Petrovič Pavlov (1849-1936). Kapitza poneva peraltro le sue speranze in sofisticati impianti mentre oggi si pensa di operare una trasformazione diretta di energia chimica in energia elettrica attraverso le celle a combustibile.

In passato è sembrato che il secondo principio, a parte la sua rilevanza in campo ingegneristico, stesse a significare anche una specie di degradazione dell'energia. Infatti essendo le trasformazioni energetiche legate alla necessità di scartare parte dell'energia impiegata, con il risultato di renderla inutilizzabile, l'Universo appariva destinato a una «morte termica». A un certo punto, cioè, a causa del pesante taglieggiamento (se così di può dire) imposto dal secondo principio, il mondo intero avrebbe dovuto trasformarsi in una discarica di energia inutilizzabile.

Su di un piano più speculativo, e meno catastrofico, il secondo principio sembrò (e sembra) connesso al problema della freccia del tempo, che scorre come un fiume sempre inevitabilmente in una direzione.

I movimenti irreversibili di Kelvin

La scienza nata dalle geniali creazioni di Newton e di Galileo non era in grado di spiegarlo. Ne discusse un gigante della fisica dell'Ottocento, Lord Kelvin, il quale osservò come in quella che lui chiamava la «dinamica astratta», i movimenti delle particelle e dei corpi materiali, sono perfettamente reversibili.

Con il termine «dinamica astratta» Kelvin si riferiva evidentemente alla meccanica di Galileo, elaborata «difalcando dagli impedimenti», cioè dagli attriti e ragionando in termini matematici.

Nella «dinamica fisica», invece, cioè nel mondo reale, questa reversibilità perfetta e semplice scompare e si manifesta una tendenza verso la dissipazione dell'energia meccanica, accennata sopra.

Nel mondo reale non valgono evidentemente le leggi della «dinamica astratta», poiché allora sarebbero possibili eventi inimmaginabili, ovvero il contrario di quello che si osserva comunemente da sempre. Come scrive Lord Kelvin, «la bolla di schiuma che sta per scoppiare ai piedi di una cascata, si contrarrebbe e tornerebbe dentro l'acqua: i moti termici riconcentrerebbero la loro energia e lancerebbero l'intera massa verso l'alto lungo la cascata, in gocce che si riformerebbero all'interno di una colonna chiusa di acqua risalente».

Nessuno ha mai visto l'acqua di una cascata risalire all'insù, cosa in teoria compatibile con le leggi della meccanica newtoniana.

Se valesse la reversibilità temporale tipica della meccanica newtoniana, «i macigni erratici riprenderebbero dalla terra gli elementi necessari per ricostruire se stessi secondo le loro frastagliate forme primitive e tornerebbero a riunirsi a quei picchi montani da cui originariamente si erano staccati».

In realtà, scrive ancora Kelvin, «i fenomeni della vita trascendono infinitamente la scienza umana».

Per quello che riguarda una spiegazione della freccia del tempo, e cioè della unidirezionalità dei fenomeni che si verificano nella realtà quotidiana, questi continuano a trascendere anche la agguerrita scienza di oggi e i suoi computer.

Macchina a vapore

Le conseguenze pratiche più «pesanti» del fondamentale secondo principio della termodinamica si rivelano nei rendimenti delle macchine termiche, tutti decisamente limitati. La gloriosa macchina a vapore, progettata e costruita da ingegneri inglesi nel Settecento, ignorata dall'Enciclopedia di Diderot e D'Alembert, e teorizzata dal sommo Carnot nei primi decenni dell'Ottocento, presentava rendimenti massimi attorno al 10%.

Ciò non impedì alla macchina a vapore di innescare la prima rivoluzione industriale, che cambiò il volto geo-politico del mondo, imprimendo una accelerazione al predominio economico, industriale e militare europeo e sancendo in particolare la supremazia britannica.

Bassi rendimenti

Sembra incredibile, ma oggi a più di due secoli di distanza, ancora le macchine termiche utilizzano meno della metà dell'energia prodotta dai combustibili. Gli scarti e gli inquinamenti prodotti dalle macchine termiche sono così diventati al centro del dibattito e delle preoccupazioni ecologiche dei nostri giorni.

Per quanto riguarda i motori a scoppio delle automobili, il rendimento è sempre al di sotto del 30%. Per i motori Diesel, spingendo il cosiddetto «rapporto di compressione», possono arrivare anche al 36%.

Con le turbine a vapore si supera il 40% (mentre con le turbine a gas non si va oltre il 20%).

I motori elettrici e le turbine idrauliche raggiungono rendimenti anche del 90 % in quanto sfuggono alla severa imposizione del secondo principio, che impone, come detto, una tassa fortissima nelle trasformazioni di energia che coinvolgono anche l'energia termica.

INDICE ANALITICO

INDICE

BUR
Periodico settimanale: 29 novembre 2004
Direttore responsabile: Rosaria Carpinelli
Registr. Trib. di Milano n. 68 del 1°-3-74
Spedizione in abbonamento postale TR edit.
Aut. N. 51804 del 30-7-46 della Direzione PP.TT. di Milano
Finito di stampare nel novembre 2004 presso
il Nuovo Istituto Italiano d'Arti Grafiche - Bergamo
Printed in Italy

ISBN 88-17-12938-0